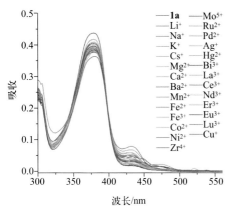
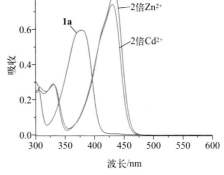

(a) **1a**与系列金属阳离子作用的紫外吸收光谱　　(b) Zn^{2+}、Cd^{2+}在混合溶剂体系的紫外吸收光谱

图 2-12　**1a**（2.00×10^{-5} mol/L）与系列金属阳离子（2.56×10^{-2} mol/L）作用以及 Zn^{2+}、Cd^{2+}（4.00×10^{-5} mol/L）在混合溶剂体系 THF/CH_3OH（1/9，体积比）的紫外吸收光谱

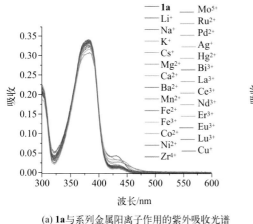
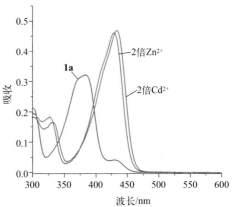

(a) **1a**与系列金属阳离子作用的紫外吸收光谱　　(b) Zn^{2+}、Cd^{2+}在混合溶剂体系的紫外吸收光谱

图 2-13　**1a**（2.00×10^{-5} mol/L）与系列金属阳离子（2.56×10^{-2} mol/L）作用以及 Zn^{2+}、Cd^{2+}（4.00×10^{-5} mol/L）在混合溶剂体系 THF/H_2O（8/2，体积比）的紫外吸收光谱

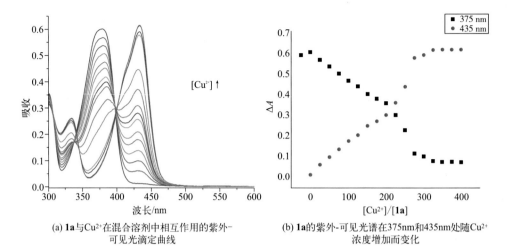

(a) 1a 与 Cu^{2+} 在混合溶剂中相互作用的紫外-可见光滴定曲线

(b) 1a 的紫外-可见光谱在375nm和435nm处随Cu^{2+}浓度增加而变化

图 2-14　1a（$2.00×10^{-5}$ mol/L）与 Cu^{2+}（0 到 $3.00×10^{-1}$ mol/L）在混合溶剂 THF/CH_3OH（1/9，体积比）中相互作用的紫外-可见光滴定曲线以及 1a 的紫外-可见光谱在 375nm 和 435nm 处随 Cu^{2+} 浓度增加而变化（注意：铜盐为硝酸铜）

图 2-31　365nm 下 1a（$2.00×10^{-3}$ mol/L）在 THF/H_2O 混合溶剂的荧光发光 [从左到右 THF 与水的配比（体积比）依次为 10/0、9/1、8/2、7/3、6/4、5/5、4/6、3/7、2/8、9/1、5/95]

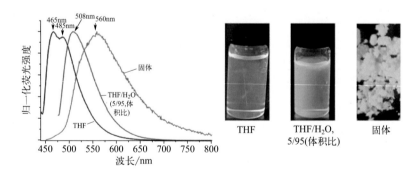

图 2-43　1a 在 THF、THF/H_2O（5/95，体积比）和固体中的归一化荧光发射光谱及在 365nm 下的发光

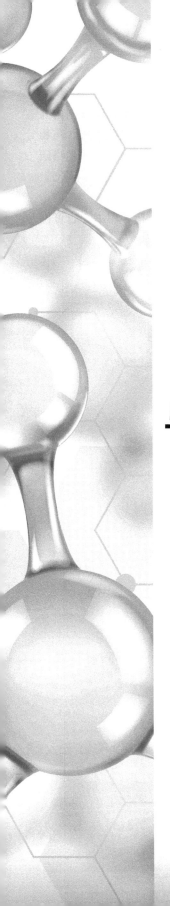

新型并吡咯烷酮与手性富碳大环的研究

高 超 龚汉元 胡云虎 等著

内容简介

本书以非对映氮杂稠环分子和阻转手性大环化合物的合成为纲,结合国内外发展趋势,系统地介绍了这两类分子在超分子识别和组装、分子机器构筑、药物分子等领域中的应用。具体内容共分为四章:绪论、四吡啶基四氢吡咯并吡咯酮的合成及性能研究、轴手性的环[7](1,3-(4,6-二甲基))苯的合成与性能研究、环[8]间苯手性衍生物的合成和表征。

本书可作为高等院校化学专业研究生在超分子化学领域的指导用书,也可供相关领域的教师和研究人员借鉴。

图书在版编目(CIP)数据

新型并吡咯烷酮与手性富碳大环的研究 / 高超等著. -- 北京:化学工业出版社,2024.11. -- ISBN 978-7-122-46717-1

Ⅰ.O6

中国国家版本馆 CIP 数据核字第 2024D7X823 号

责任编辑:张　艳　　　　　文字编辑:陈小滔　范伟鑫
责任校对:杜杏然　　　　　装帧设计:关　飞

出版发行:化学工业出版社
　　　　(北京市东城区青年湖南街13号　邮政编码100011)
印　　装:北京建宏印刷有限公司
710mm×1000mm　1/16　彩插1　印张12½　字数223千字
2025年3月北京第1版第1次印刷

购书咨询:010-64518888　　　　售后服务:010-64518899
网　　址:http://www.cip.com.cn
凡购买本书,如有缺损质量问题,本社销售中心负责调换。

定　　价:148.00元　　　　　　　　　　版权所有　违者必究

前言

手性分子在有机化学中占据着重要地位，其合成以及应用的相关研究是当前有机化学领域的研究热点之一。随着金属有机不对称催化反应的迅速发展，具有复杂氮杂稠环骨架的手性功能分子近年来不断涌现，而有关于超分子大环化学的相关研究在1987年和2016年被授予了诺贝尔化学奖。因此构筑新型手性分子，包括具有特定镜像异构体的手性氮杂稠环功能分子和基于阻转异构的特殊极性手性富碳大环化合物，对于医药研发和材料开发都具有重要科学意义。

本专著基于以上的研究背景，对近期国内外系列手性氮杂稠环功能分子和烃类富碳大环分子的研究进展进行了简述，包括上述功能分子在分子识别和组装、分子机器构筑、环境生态保护、不对称催化、生物医药制备等相关领域中的具体应用。随后介绍了新型氮杂稠环功能分子——四吡啶基四氢吡咯并吡咯酮及其相关衍生物的非对映高选择性合成方法，并对其离子识别和双态发光性能进行了深入研究。基于非对映阻转异构策略，合成了新型轴手性富碳大环分子-环[7]间苯大环，以及通过去对称化策略将非手性平面单元引入已有大环骨架，构筑新型固有手性的特定构象大环-环[8]间苯手性衍生物。

本专著对于手性氮杂稠环功能分子和环间苯类大环的设计合成及各项性能进行了系列探索并取得了一定进展。期望以此为研究基础，在未来开发出更多的新型手性功能分子，实现其特定手性性能以及相关功能材料或医药的制备。并以此专著为契机，更加广阔地展现手性功能分子的独特研究价值和广阔应用前景。

在本专著的撰写过程中，北京师范大学龚汉元教授参与了本专著研究背景的编写，并对后续的研究内容提出了专业、宝贵的建设性修改意见。赵静、卜露露、胡玉洁、高兴、中海油化工与新材料科学研究院李鸿辰、豫章师范学院朱伟负责了文稿内容及实验部分的更正、修改、润色及测试结果分析的修订。胡云虎教授负责了本专著整体框架的校对与修改。陶钢、王静蕊、王礼、陈伟、刘力源负责专著文献与图片的排版和校对。感谢淮南师范学院化学与材料工程学院魏亦军教授、刘道富教授、李莉教授、文桂林教授给与的平台协助及安徽省教育厅高校重点科研项目（2023AH051535，2023AH051545）对于本专著出版的资金支持。其他人员，不胜枚举，在此一并感谢。

本专著力求将概念和原理同当今研究热点与前沿讨论相结合，希望抛砖引玉，为后继开发出更多的优秀大环主客体分子提供帮助。但因本人能力与才识有限，不妥之处难以避免，望国内外专家及读者批评指正。

高超

2024 年 8 月

目录

1 绪论 / 001

1.1 氮杂稠环分子的研究进展 / 002
1.1.1 喹喏酮的合成及应用 / 003
1.1.2 氮杂芴酮的合成及应用 / 014
1.1.3 芳环并吡咯酮的合成及应用 / 020
1.1.4 双吡咯烷酮的研究进展 / 026
1.2 手性富碳大环的合成研究进展 / 038
1.2.1 纳米带与纳米管 / 039
1.2.2 莫比乌斯大环 / 042
1.2.3 阻转大环 / 043
1.2.4 烃类大环 / 045
1.3 小结 / 047
参考文献 / 047

2 四吡啶基四氢吡咯并吡咯酮的合成及性能研究 / 069

2.1 概述 / 070
2.2 反应优化 / 071

2.2.1 反应条件优化　/ 072
2.2.2 克量级反应　/ 075
2.3 底物拓展和分析　/ 076
2.3.1 反应底物预制备　/ 076
2.3.2 底物拓展　/ 076
2.4 机理研究　/ 079
2.4.1 机理探究　/ 079
2.4.2 酸转化实验　/ 081
2.4.3 **1a** 生成机理推断论述　/ 082
2.5 **1a** 与金属阳离子结合性能研究　/ 084
2.5.1 紫外光谱法进行金属离子与 **1a** 的相互作用研究　/ 084
2.5.2 Cu^{2+} 与 **1a** 相互作用的紫外吸收光谱研究　/ 085
2.5.3 **1a** 与金属离子作用的荧光发射光谱　/ 086
2.5.4 **1a** 与 Zn^{2+} 或 Cd^{2+} 相互作用的紫外-可见光谱 Job's plot　/ 087
2.5.5 **1a** 与 Zn^{2+} 或 Cd^{2+} 相互作用的紫外-可见光谱滴定　/ 087
2.5.6 **1a** 与 Zn^{2+} 或 Cd^{2+} 相互作用的荧光光谱滴定　/ 090
2.5.7 **1a** 与 Zn^{2+} 或 Cd^{2+} 的滴定结合常数汇总　/ 092
2.5.8 **1a** 与 Zn^{2+} 或 Cd^{2+} 配合物的单晶 X 射线衍射分析　/ 093
2.6 **1a** 的质子化研究　/ 095
2.6.1 **1a** 的质子滴定光谱研究　/ 095
2.6.2 **1a** 的质子化晶体研究　/ 097
2.7 **1a** 的荧光发射性能研究　/ 097
2.7.1 不同配比水/四氢呋喃溶液下的 **1a** 荧光发光　/ 097
2.7.2 不同配比水/四氢呋喃溶液下的 **1a** 的紫外-可见吸收光谱　/ 098
2.7.3 不同溶剂中 **1a** 的荧光性能研究　/ 098
2.8 **1a** 的固态荧光性能研究　/ 102
2.8.1 **1a** 的固态荧光光谱　/ 102
2.8.2 **1a** 液相及固态的荧光发射研究比较　/ 103
2.9 实验部分　/ 104
2.9.1 试剂和仪器　/ 104
2.9.2 化合物 **1** 与 **2** 的合成过程和表征　/ 105
2.9.3 实验操作　/ 113

参考文献　/ 114

3 轴手性的环[7](1,3-(4,6-二甲基))苯的合成与性能研究 / 140

3.1 概述 / 141
3.2 CDMB-7 的合成路线分析 / 141
3.3 中间体 3 的合成优化 / 142
3.3.1 钯催化剂 / 142
3.3.2 碱源 / 143
3.3.3 溶剂种类 / 144
3.3.4 温度 / 145
3.3.5 反应时间 / 146
3.3.6 反应条件的确定 / 146
3.3.7 克量级反应 / 147
3.3.8 中间体 1、中间体 2 和中间体 4 的合成 / 148
3.4 CDMB-7 的环合反应条件优化 / 149
3.4.1 钯催化剂 / 149
3.4.2 溶剂种类 / 150
3.4.3 碱源 / 151
3.4.4 温度 / 152
3.4.5 反应时间 / 152
3.4.6 配体 / 153
3.4.7 优化反应条件的确定 / 155
3.4.8 扩量级反应 / 155
3.5 表征和分析 / 156
3.5.1 CDMB-7 的基础表征 / 156
3.5.2 CDMB-7 的表征谱图 / 157
3.5.3 CDMB-7 的手性结构分析 / 164
3.6 中间体的核磁谱图 / 165
3.7 仪器设备 / 169
3.8 实验操作 / 169
3.8.1 单晶培养 / 169
3.8.2 高效液相色谱实验操作 / 169
3.8.3 单晶数据 / 169

参考文献　　/ 170

4　环[8]间苯手性衍生物的合成和表征　/ 171

4.1　概述　/ 172
4.2　实验部分　/ 172
4.2.1　CDMB-8 的合成优化　/ 173
4.2.2　CDMB-8-Py 的合成　/ 176
4.2.3　CDMB-8-Py 的表征　/ 177
4.2.4　CDMB-8-Py 的构型分析　/ 186
4.3　各个中间体合成及表征　/ 190
4.3.1　中间体 3 的合成　/ 190
4.3.2　中间体核磁信息　/ 190
4.4　仪器设备以及实验操作　/ 192
4.4.1　实验仪器　/ 192
4.4.2　高效液相色谱配样　/ 192
参考文献　　/ 192

1

绪 论

手性分子在有机化学中占据着重要地位，其合成及应用是有机合成领域的研究热点之一。手性分子已被证实在医药、农药、生物标记（病理检测）、光电材料（3D显示，数据存储/加密）、催化剂（手性胺，手性膦酸）[1-7]等领域具有重要的应用价值。

随着有机不对称催化研究的迅猛发展，具有复杂氮杂稠环骨架的手性功能分子不断被发现，并已广泛应用于天然产物、医药分子、分子探针、环境监测等领域。尤其在医药中间体的制备、抑制细菌/病毒活性及进行疾病治疗等方面表现出独特优势[8-9]。因此，构筑新型手性氮杂稠环功能分子对医药研发和材料制备都具有重要意义。

1.1 氮杂稠环分子的研究进展

具有复杂氮杂稠环骨架的分子广泛存在于天然产物[10-15]和医药分子[16-18]中，包括喹嗪酮、吡啶并杂环酮、吡咯烷酮、吡咯并[3,4-c]吡咯和二酮吡咯并吡咯等化合物。这类分子是无机功能材料、分子催化、天然分子和药物研发、超分子化学等的重要物质基础，有着不可替代的应用前景和潜在价值。如氮杂稠环分子可用于构建有机光伏器件、场效应晶体管或聚合物太阳能电池[19-26]。不仅如此，杂环取代基已被证明可诱导分子的特殊性能。例如，含吡啶基团的稠环骨架可用于实现聚集诱导发光（AIE）[27-29]、特异性识别[30-33]、疾病治疗[34-35]、质子荧光传感器[36-38]、环境监测[39-41]等。然而，如何高效快速地获得氮杂稠环化合物则是有机合成化学领域的研究热点和难点。目前，相关报道中的大部分工作都是基于贵金属催化、强酸/碱、高温、危险试剂的多步反应，耗时费力且收率极低[42-44]。这一现状阻碍了对氮杂稠环分子性能和应用的探索。

因此，根据目前氮杂稠环类分子的研究现状，结合已有的研究工作基础开发出构筑氮杂稠环类分子的更多温和、高效、绿色环保的合成路线或方法是亟待解决的科学难题。

下面将对近年来有关氮杂稠环分子的合成、性能以及应用研究进行简要的概述（图1-1），描述对象主要包括氮杂䓬酮和芳环并吡咯烷酮等常见的氮杂稠环分子。

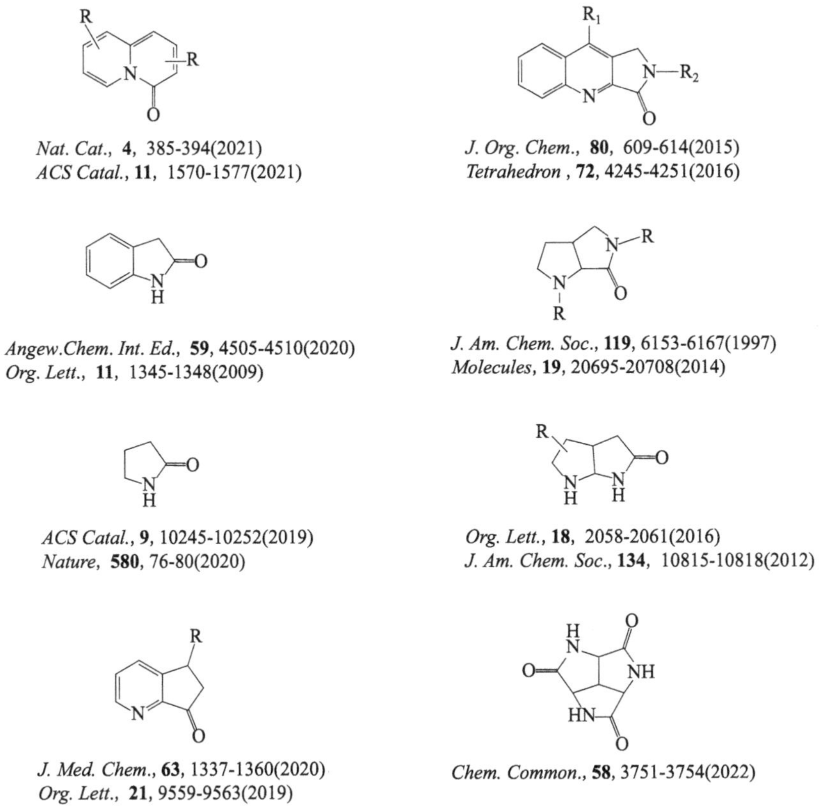

Nat. Cat., **4**, 385-394(2021)
ACS Catal., **11**, 1570-1577(2021)

J. Org. Chem., **80**, 609-614(2015)
Tetrahedron, **72**, 4245-4251(2016)

Angew.Chem. Int. Ed., **59**, 4505-4510(2020)
Org. Lett., **11**, 1345-1348(2009)

J. Am. Chem. Soc., **119**, 6153-6167(1997)
Molecules, **19**, 20695-20708(2014)

ACS Catal., **9**, 10245-10252(2019)
Nature, **580**, 76-80(2020)

Org. Lett., **18**, 2058-2061(2016)
J. Am. Chem. Soc., **134**, 10815-10818(2012)

J. Med. Chem., **63**, 1337-1360(2020)
Org. Lett., **21**, 9559-9563(2019)

Chem. Common., **58**, 3751-3754(2022)

图 1-1 近年来发表的氮杂稠环分子汇总

1.1.1 喹嗪酮的合成及应用

1.1.1.1 合成

含有喹嗪酮类结构的药物可用于 HIV、肌无力、糖尿病等疾病的治疗和辅助治疗，还可用于阿尔茨海默病的早期治疗和干预[45-46]。目前已经报道的工作中，有关于喹嗪酮的合成策略需要在各种苛刻且危险的条件下开展，如利用强酸/碱、锂试剂、高温等，存在诸多危险因素，并在一定层面上限制了人们对该类分子的应用以及对其性能的进一步探索。喹嗪酮的合成最早可追溯至 20 世纪 50 年代，Lodge 等人在 180℃ 的高温下，将吡啶-2-乙酸甲酯或吡啶-2-乙酸乙酯与亚乙基丙二酸二乙酯反应，一步制得了相应的喹嗪酮产物（图 1-2），产率最高可达到 52%[47]。

1967 年，Gopalakrishnan 团队尝试利用无取代的喹嗪酮骨架，对其 1、3 号

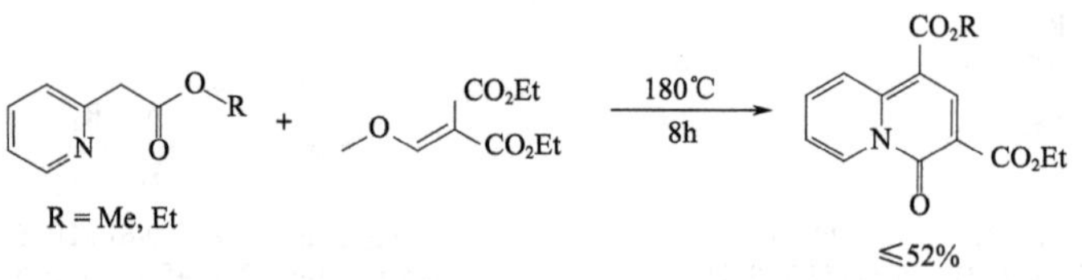

图 1-2　多取代酯基类喹嗪酮的合成

碳原子进行修饰［图 1-3(a)］[48]。同时，该团队也成功实现了利用强酸（盐酸）和碱调节吡啶-2-乙酸乙酯，制取部分含其他修饰基团的喹嗪酮底物［图 1-3(b)］。但此种方法产率极低，可供转换的官能团种类较少[49]。

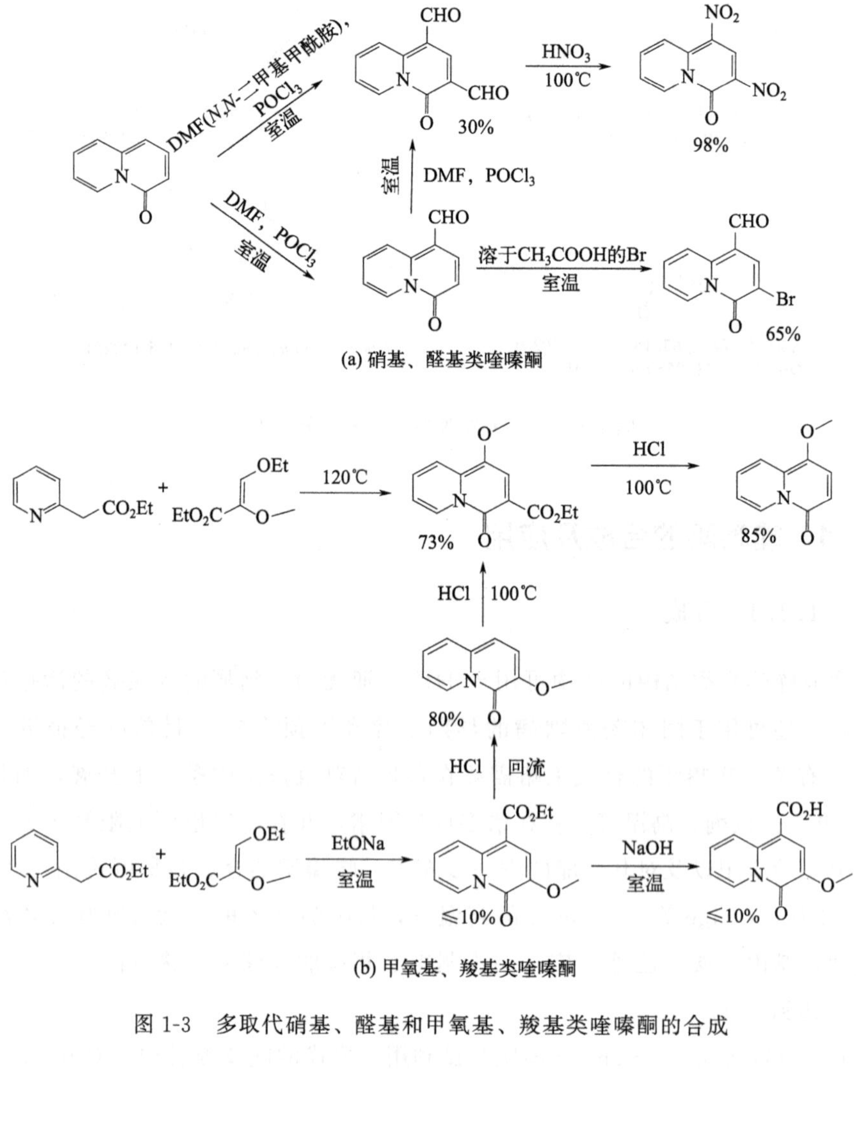

(a) 硝基、醛基类喹嗪酮

(b) 甲氧基、羧基类喹嗪酮

图 1-3　多取代硝基、醛基和甲氧基、羧基类喹嗪酮的合成

1977年，Mariano等人在光照（hv）的条件下，实现了烯烃类喹嗪酮骨架的制备（图1-4）。反应产率可达60%，具有合成简捷、原子经济性高的优点[50]。

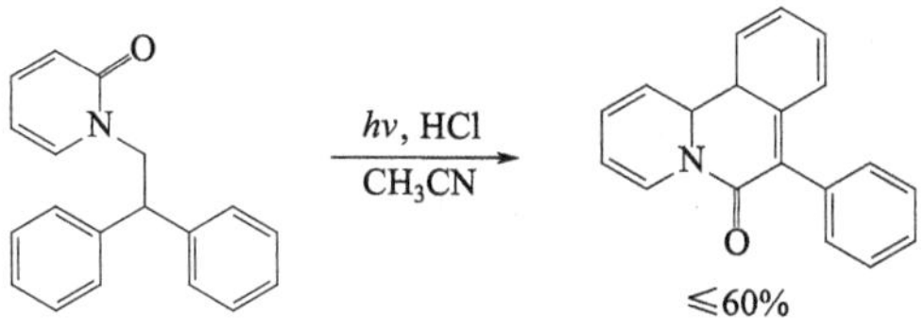

图1-4 烯烃类喹嗪酮的合成

1978—1979年，Douglass等人在Ag_2O、三乙胺的催化条件下，以喹嗪氧化物和亚乙基丙二腈为原料，制得亚胺中间体。在酸性条件下，亚胺发生水解，实现了喹嗪酮环的扩张[51]。该反应收率适中，可以达到60%［图1-5(a)］。后相关专家在金属钠的催化条件下，先将氰基苯乙腈与2-溴吡啶反应生成稠环亚胺，再经水解作用，形成扩环后的三元并环喹嗪酮结构［图1-5(b)］[52]。以及利用DDQ（2,3-二氯-5,6-二氰基苯醌）室温氧化双乙烯酮与喹啉产物，制得扩环喹嗪酮产物的方法，收率可以达到80%以上［图1-5(c)］[53-54]。

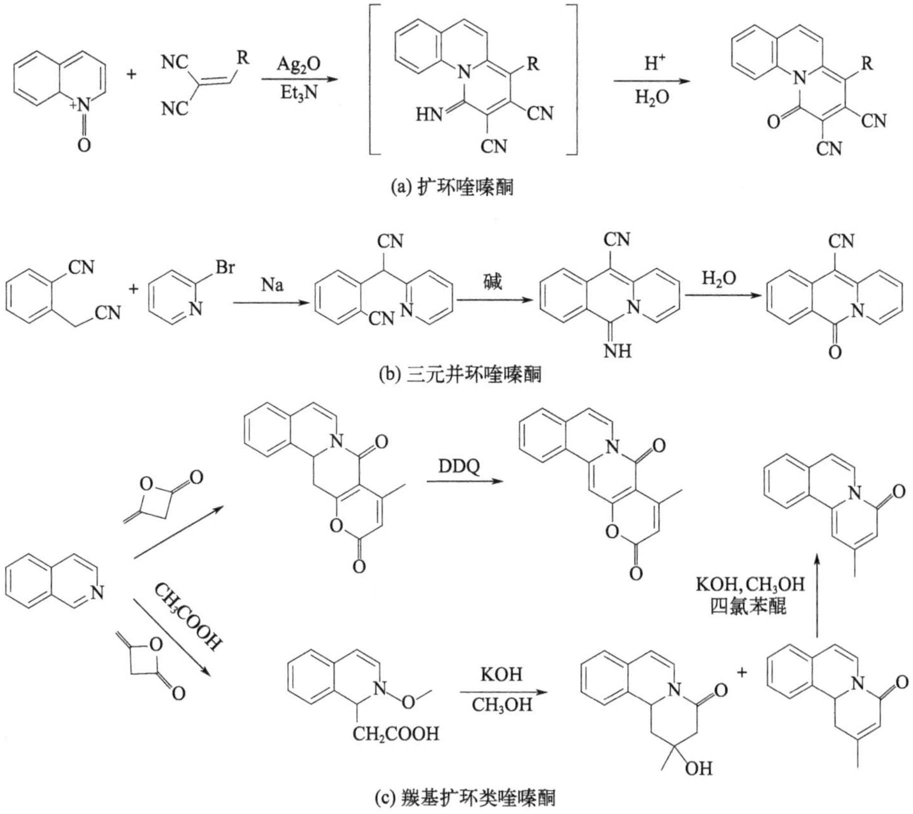

图1-5 扩环、三元并环喹嗪酮和羰基扩环类喹嗪酮的合成

1994年，Liebeskind等人尝试了在锂试剂（吡啶锂）的参与下，以环丁烯二酮为起始原料，首先经过与锂试剂作用得到环丁烯酮中间体，再发生热重排反应，最终得到喹嗪酮化合物[55]，产率高达86%［图1-6(a)］。以环丁烯酮类中间体为起始原料时，使用钯催化剂和磷酸三乙酯（TEP），可将原料一步转化为相应的喹嗪酮产物［图1-6(b)］，收率可稳定在60%。

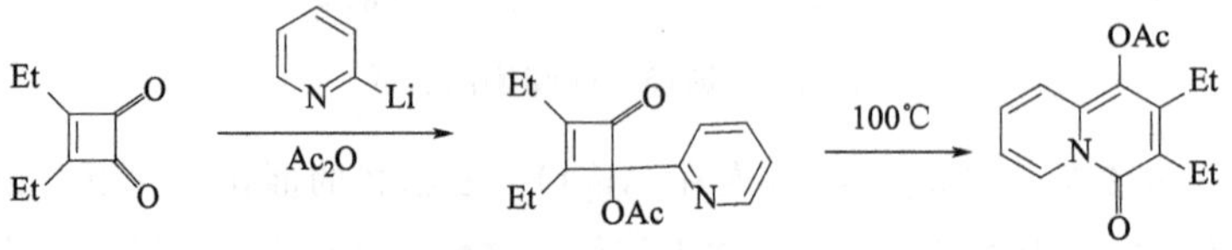

(a) 吡啶锂参与的乙基类喹嗪酮

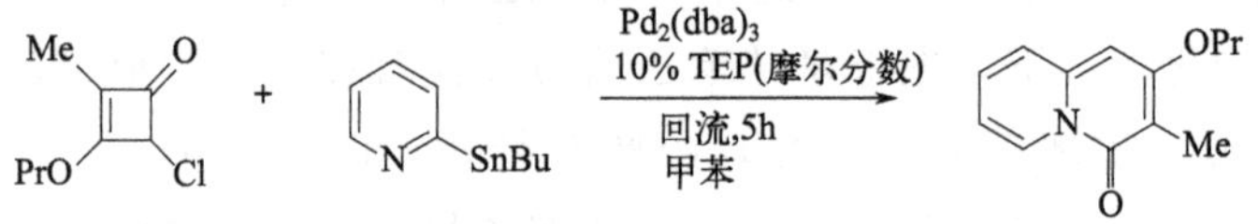

(b) 三(二亚苄基丙酮)二钯作为催化剂的甲基、酚基类喹嗪酮

图1-6　多取代官能团乙基和甲基、酚基类喹嗪酮的合成

1995年，Swenson课题组报道了将官能团引入喹嗪酮骨架特定位点的方法。研究人员先利用三氟乙烯基溴制备出有机铜试剂，进而与碘苯、六氟二丁炔继续反应制得烯烃中间体。此时再加入吡啶，即获得最终的喹嗪酮骨架（图1-7）。此多步反应的总收率可以达到70%以上。此外，高效液相色谱分析法证实，所制得的目标产物存在对映异构体[56]。

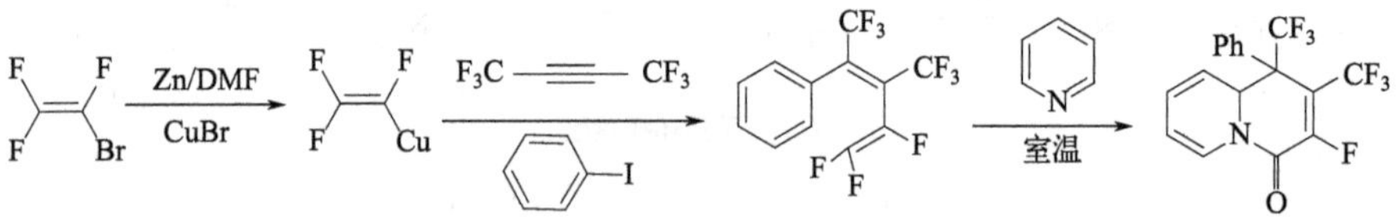

图1-7　多取代官能团三氟甲基、氟类喹嗪酮的合成

2005年，Petersen等人成功实现了将芳香炔基化合物和卤代苯（碘苯）经两步偶联的反应。过程中需要过渡金属钯、铜类催化剂、强碱和丁基锂的参与（图1-8）。多并环喹嗪酮的产率可达55%。这是一种新型构筑多并环喹嗪酮的制备方法[57]。

2010年，李兴伟组报道了一种利用铑催化剂，在碳酸银的氧化作用下，将苯甲酰胺邻位的C—H键与芳香炔偶联，最终得到一个并四环类喹嗪酮骨架[58-59]（图1-9）。此反应具有底物范围广的独特优势，反应产率高达93%。

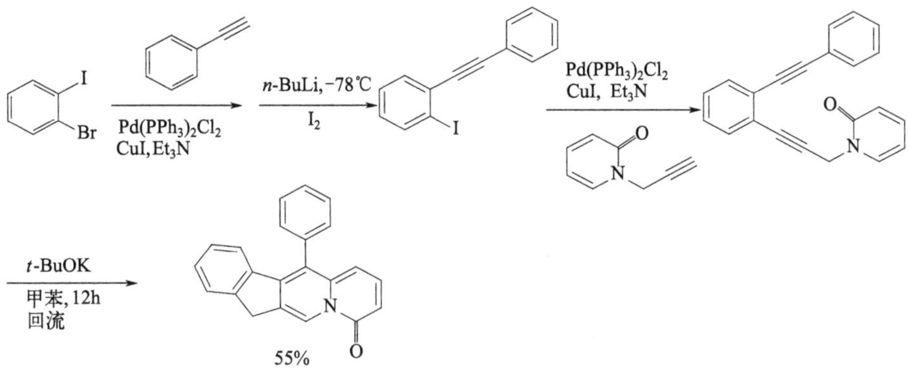

图 1-8 多并环喹嗪酮的合成

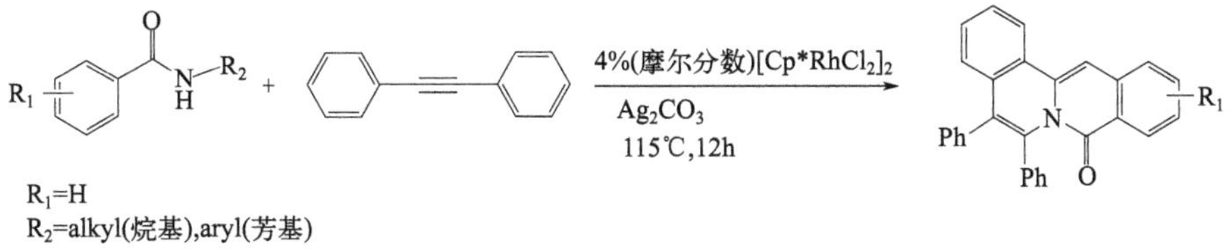

图 1-9 并四环类喹嗪酮的合成

2011 年，Harrowven 和 Sneddon 等人以环丁烷二酮和卤化吡啶为反应原料，经过两步反应，成功制得喹嗪酮类化合物（图 1-10）。其中，第二步的分子内环化缩合反应可在 10min 内完成，并实现定量的转化[60-62]。

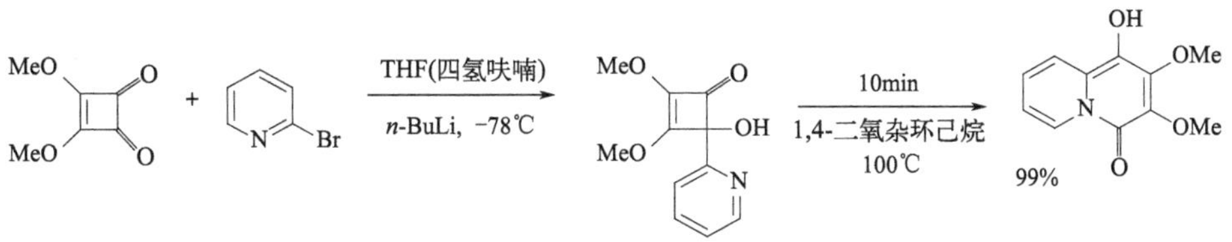

图 1-10 分子内环化喹嗪酮的合成

2013 年，Watson 等人报道了一种以 β-酮吡啶和 2-磷酰基乙酸三乙酯为反应原料，快速合成喹嗪酮类化合物[63]的方法（图 1-11）。该方法采用强碱氢化钠作为催化剂，原料在烷基膦酸酯中反应 15min 即可制得目标化合物。同时，此反应有着良好的底物拓展范围，产率最高可达 95%。

2014 年，姜焕峰团队报道了一种新型的碱促进 α-羟基酮和丁-2-炔二酸二甲酯环化反应制备喹嗪酮的策略。反应在 1,8-二氮杂二环十一碳-7-烯（DBU）的存在条件下，无须加入催化剂或其他相关助剂，可在室温条件下进行（图

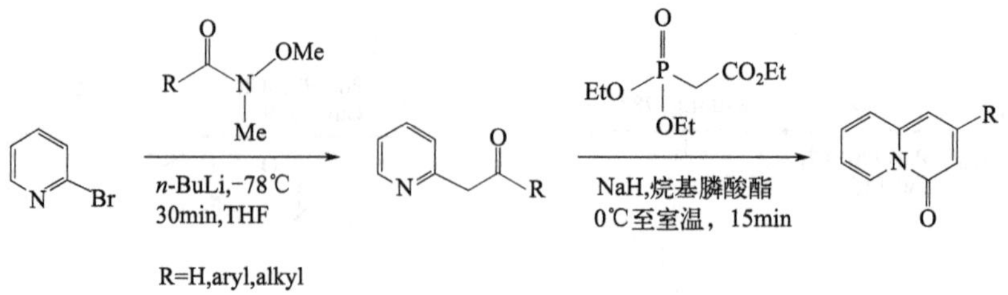

图 1-11 脂肪族取代喹嗪酮的合成

1-12）。此策略不仅反应条件温和，可适用于多种官能团底物[64-65]，且反应产率高达 94%。

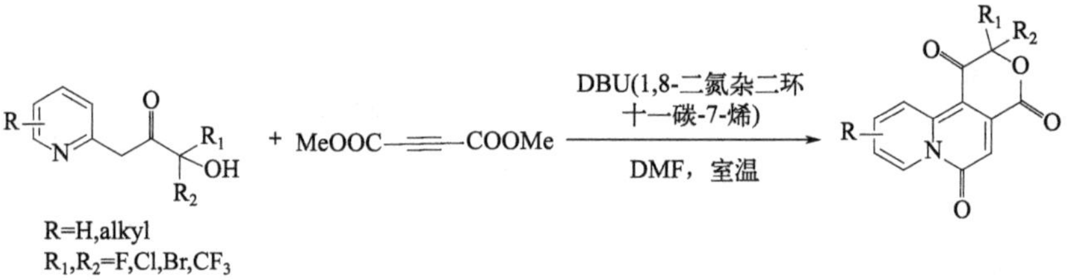

图 1-12 扩环类喹嗪酮的合成

2015 年，Glorius 课题组报道了一种利用 Rh(Ⅲ) 催化吡啶并三唑发生 C—H 活化偶联反应制备多环喹嗪酮类化合物的方法，部分底物可近乎实现定量转化[图 1-13(a)]。获得的喹嗪酮化合物可作为荧光支架，用于对金属离子的定量检测。同年，该课题组报道了利用 Co(Ⅲ) 催化重氮化合物通过定向 C—H 偶联反应制备喹嗪酮类化合物的研究 [图 1-13(b)]，所合成的喹嗪酮类分子可通过改

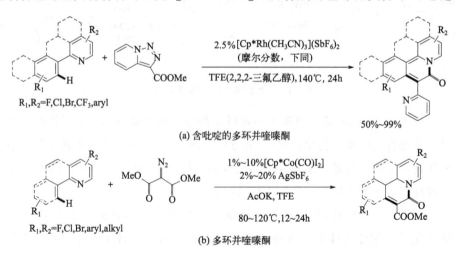

(a) 含吡啶的多环并喹嗪酮

(b) 多环并喹嗪酮

图 1-13 含吡啶的多环并喹嗪酮和多环并喹嗪酮的合成

变溶剂极性进行发射波长的调节[66-70]。

2016 年，Patil 课题组报道了一种新型合成多元并环喹嗪酮骨架的方法。该方法利用 Au^Ⅰ/Au^Ⅲ 作为催化剂，使炔烃发生分子内 1,2-氨基氧化成环，转化产率高达 92%（图 1-14）。此外，该反应底物适用范围广，且合成产物可作为离子探针的荧光基团[71-73]。

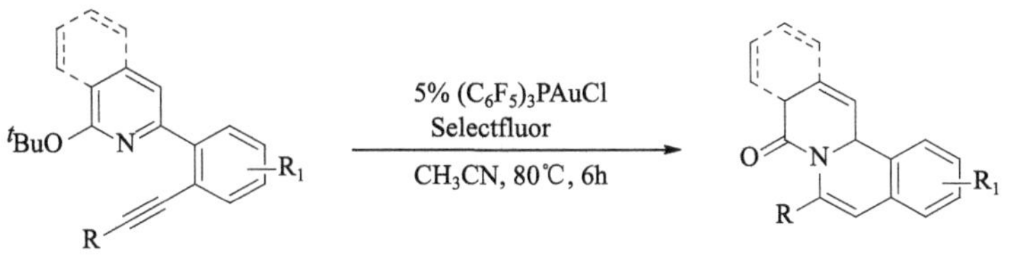

R,R1 = aryl, alkyl, Ph, Pyrenyl, F,Cl

图 1-14　并环喹嗪酮的合成

Selectfluor：1-氯甲基-4-氟-1,4-二氮杂双环[2.2.2]辛烷二(四氟硼酸)盐；

Ph：苯基；Pyrenyl：芘基

2017 年，李兴伟和王洪根等人共同报道了以苯甲酰胺衍生物与 2,2-二氟乙烯基甲苯磺酸酯为反应原料，在铑催化条件下发生偶联反应，制得氟化杂环类喹嗪酮类化合物的研究[74-77]，反应产率最高可达 66%（图 1-15）。

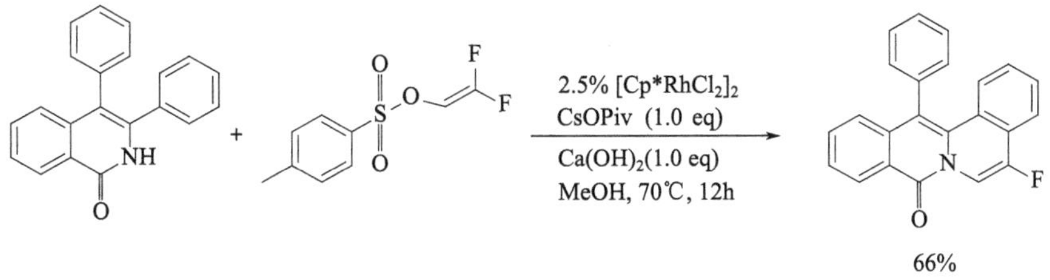

图 1-15　并四环喹嗪酮骨架的合成

2018 年，龚汉元课题组报道了一种温和的二氧化碳参与构筑喹嗪酮的工作。反应以炔烃为反应底物，在氧化银的催化下，一锅法制得目标产物，底物适用范围极广，且几乎可以达到定量转化（99%）[图 1-16(a)]。2021 年，该组继续利用炔类反应底物，在无任何金属催化剂的条件下，仍然实现了一锅法构建喹嗪酮骨架［图 1-16(b)］。同时，该策略可制得单一构型（*E*）的喹嗪酮产物，反应温和，产率良好[78-79]。

2019 年，Miura 利用苯甲酰胺衍生物作为反应原料，通过其在碳酸亚乙烯酯的氧化及铑的催化作用下发生环代反应，成功制得 *N*-杂并四环喹嗪酮骨架[80-81]，产率可达到 73%（图 1-17）。

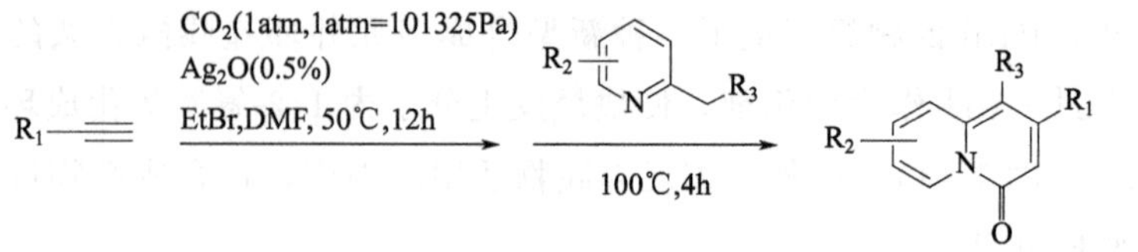

(a) 氧化银催化

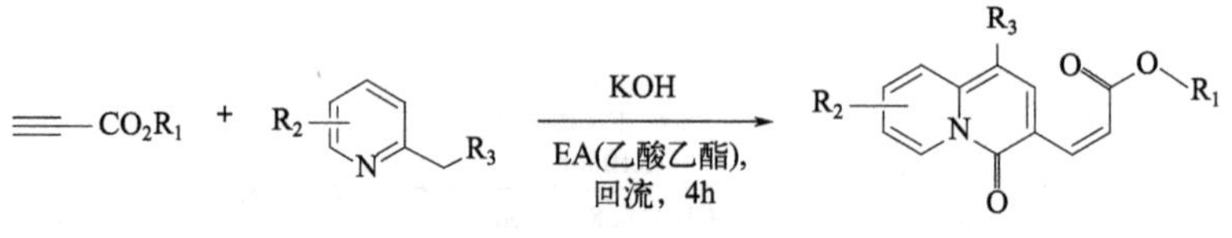

(b) 无催化剂

图 1-16 多取代喹嗪酮

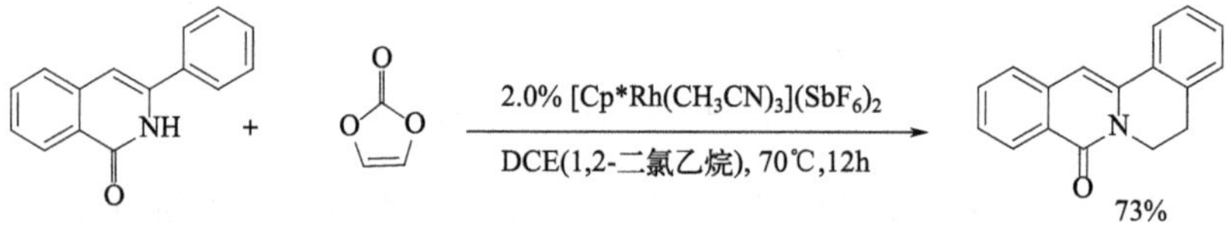

图 1-17 并四环喹嗪酮的合成

2021 年，Micklefield 等人成功利用 2-甲基吡啶和乙氧基亚甲基丙二酸二乙酯制备出一种新型喹嗪酮骨架（图 1-18）。在没有催化剂的参与下，反应需要进行连续的三步，最终产率达到 50%[82]。

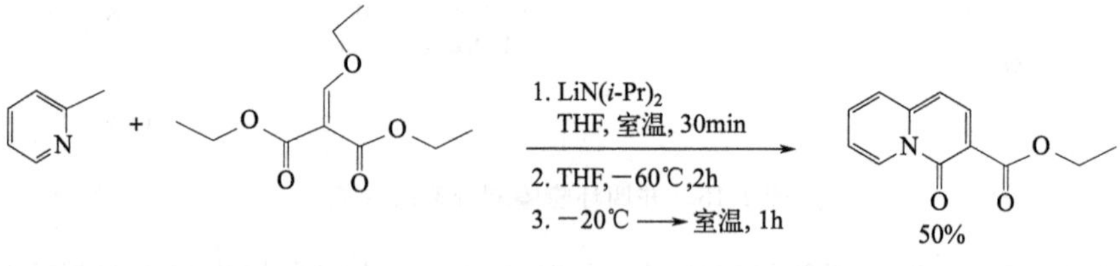

图 1-18 酯基取代的喹嗪酮的合成

2022 年，袁伟成课题组报道了以 2-吡啶乳酸酯与 α,β-不饱和吡唑酰胺为反应原料，在 DBU 的催化下发生去芳香环化反应得到多取代 2,3-二氢-4H-喹嗪酮的方法（图 1-19）。反应的产率为 20%~70%[83]。

以上内容介绍了部分科研工作者对喹嗪酮分子合成路线的优化策略。这些喹嗪酮类分子被报道在药物前体、医药中间体、靶向药物、天然产物的构筑及疾病治疗等方面展现出极大的应用前景和潜在价值，并于近年来受到科学家们的极大关注。因此，下面将对喹嗪酮分子的应用进行介绍。

图 1-19　多取代 2,3-二氢-4H-喹嗪酮的合成

1.1.1.2　应用

1988 年，Mohsen 等人成功将双乙烯酮和异喹啉在乙醚中回流，制得了苯并喹嗪酮以及相关底物，收率可达 50%。得到的所有产物均可以作为 Emetine（吐根碱类）生物碱的合成前体（图 1-20）[84]。

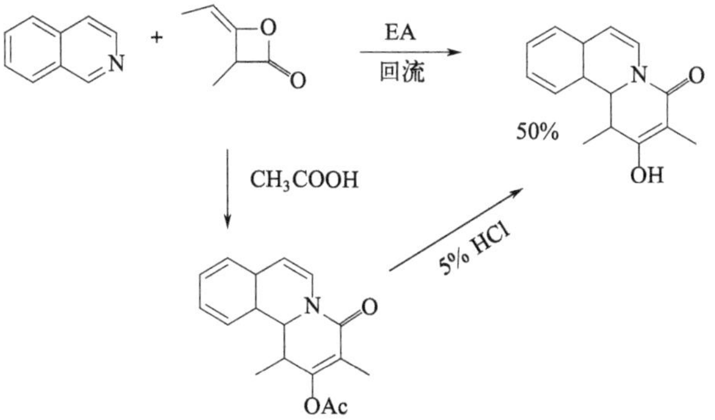

图 1-20　Emetine 生物碱前体喹嗪酮的合成路线

2006 年，Wiles 等人合成了一种新型异噻唑并喹嗪酮化合物。经过理化实验探究，证明该骨架对于革兰氏细菌（阴/阳性）存在极好的杀灭和抑制作用。在合成方面，4-氯-2-甲基吡啶被作为起始原料，先后经过质子化、氧化、磺化、环合等步骤，最终得到目标产物，总产量率接近 50%（图 1-21）。目前，该类化合物是否对其他菌种存在特殊作用尚在研究之中[85]。

2009 年，钟儒刚课题组合成了系列 4H-喹啉-3-羧酸底物（磺酰氨基衍生物），产率均在 70%～90%（图 1-22）。在对该系列化合物的性能进行研究时，发现这类结构中含芳基二酮的羧酸可以有效作用于 HIV（人类免疫缺陷病毒）。经过各类官能团的修饰后，可用作合成抑制 HIV 的药物分子[86]。

2010 年，Bilodeau 团队又报道了一种基于喹嗪酮骨架的羧酸系列化合物（M1：毒蕈碱受体调节器）。该类羧酸化合物可极大增强中枢神经的系统暴露，为靶向药物提供靶向位点，亦可帮助缓解阿尔茨海默病患者认知能力的下降［图

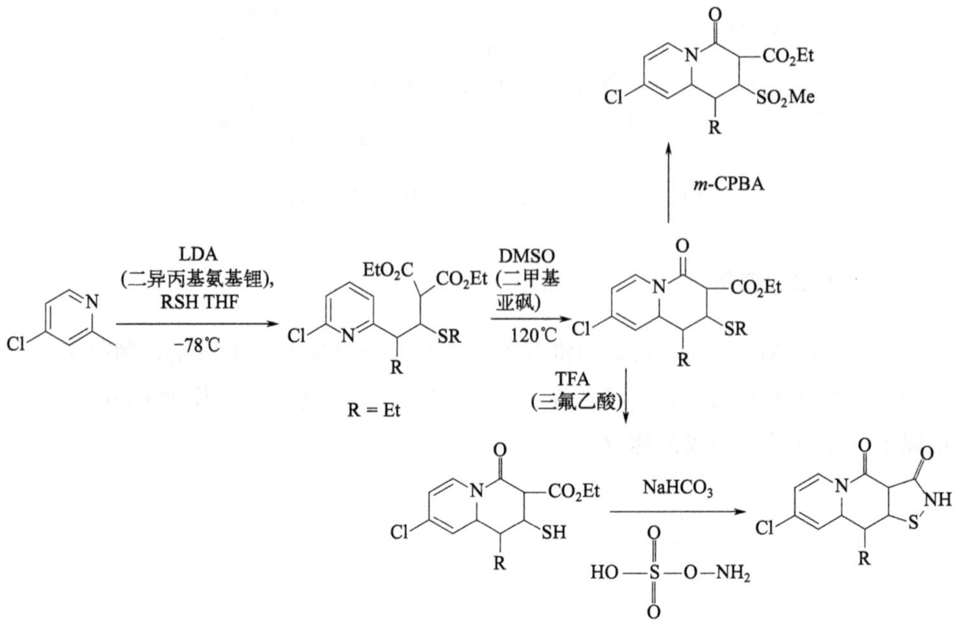

图 1-21 异噻唑并喹嗪酮的合成路线

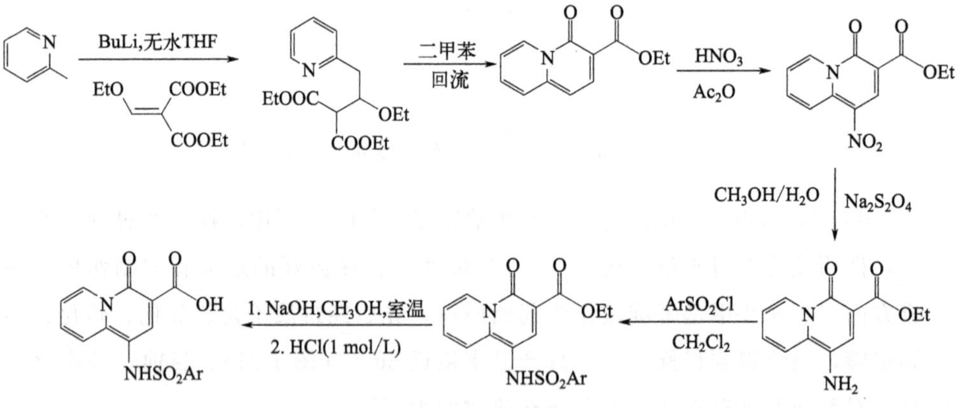

图 1-22 4H-喹啉-3-羧酸底物（磺酰氨基衍生物）的合成路线

1-23(a)]。2011 年，Bilodeau 团队继续合成了一类新型的喹嗪酮骨架羧酸，可被用于快速恢复血浆游离前脑胆碱能系统的神经信号［图 1-23(b)][87-88]。

2016 年，Gary M. Karp 等人以 3,5-吡唑羧酸二乙酯为起始原料，经过多步反应，最终成功制得多元环类的喹嗪酮骨架化合物（图 1-24）。这种化合物主要用于治疗脊髓性肌肉萎缩，并且在哺乳类动物实验中已经取得了良好的效果。此外，它还可以通过口服方式作用于病灶[89]。

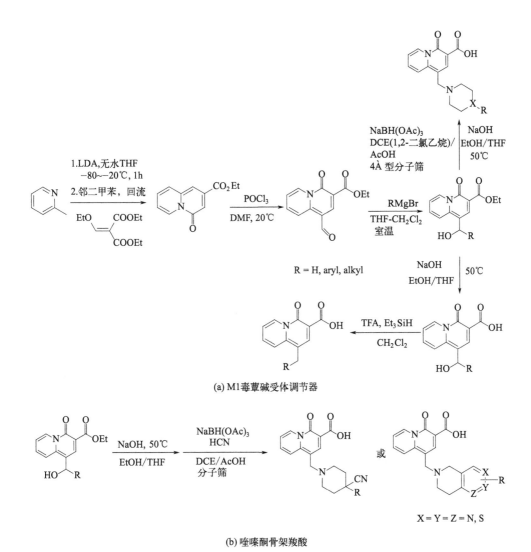

(a) M1毒蕈碱受体调节器

(b) 喹嗪酮骨架羧酸

图 1-23 M1 毒蕈碱受体调节器和喹嗪酮骨架羧酸的合成路线

2020 年，Venkata P. Palle 等多个团队合作报道了一种名为［(S)2,4-二氨基 6-((1-(7-氟-1-(4-氟苯基)-4-氧-3-苯基-4H-喹诺嗪-2yl)乙基)氨基)嘧啶-5-甲腈］的新型喹嗪酮骨架化合物，并通过 X 射线单晶衍射实验证明了其结构（图 1-25）。该化合物以吡啶-2-甲醛为起始原料，经过 10 步反应合成得到。它被证明是一种高效的 PI3Kδ 抑制剂，并且大量药物动力学代谢实验证明了它改善了药物动力学代谢特征。此外，在实验室的内血液学癌症模型研究中，该化合物展现出了卓越的治疗效果[90]。

2021 年，黄学良课题组报道了一种钯催化下利用吡啶三唑和邻溴/晕苯甲醛

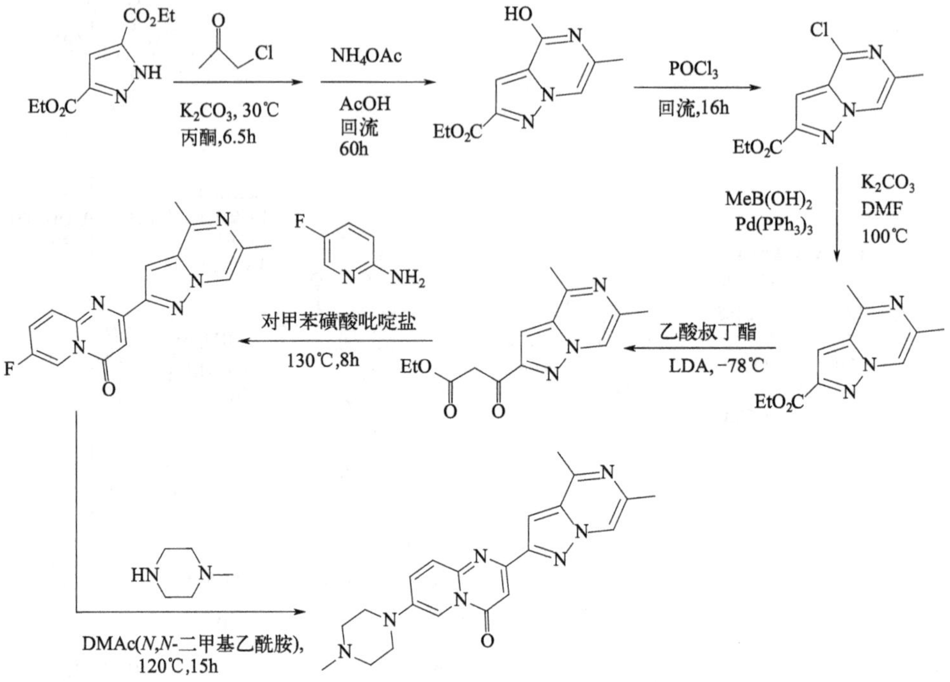

图 1-24　多元环类喹嗪酮骨架的合成路线

制备吡啶异喹啉酮衍生物的方法（图 1-26）。该方法适用范围广泛，产率可稳定在 60%～80% 之间。这类化合物可以快速高效地合成小檗碱类生物碱，是一种优良的医药中间体[91-92]。

1.1.2　氮杂芴酮的合成及应用

1977 年，Szulc 组报道了一种制备氮杂芴酮的方法。使用氮菲蒽和邻菲蒽为原料，无须投入催化剂，仅加入氧化剂高锰酸钾即可完成转化（图 1-27）。通过计算阐明了其反应机理。然而，该方法的产率不高，并且会生成一定量的副产物，因此无法适用于含有其他复杂官能团的底物[93-94]。

1984 年，Mahadevan 组报道了一种通过两步法逐步氧化 2,3-环烯吡啶中的亚甲基，从而制备吡啶芴酮的方法。针对不同底物，该方法的最终反应产率高达 70%～94%（图 1-28）。在对其性能进行初步探究时发现，室温下分子的构象刚性较强。此外，在不同温度下，两个异芳香族环之间的相互作用会随着环间二面角的变化而发生变化[95-96]。

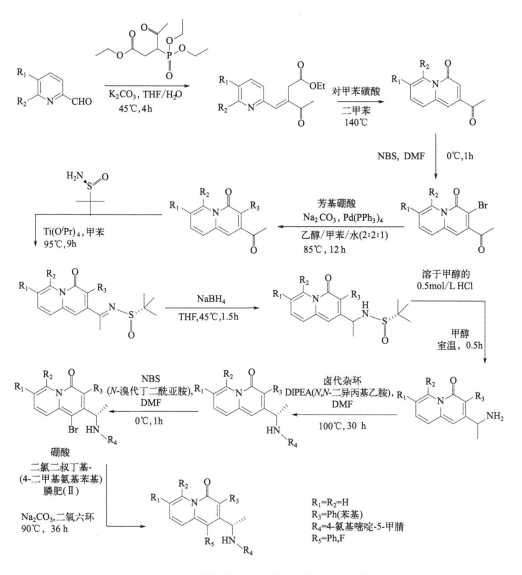

图 1-25 新型多取代喹嗪酮骨架的合成路线

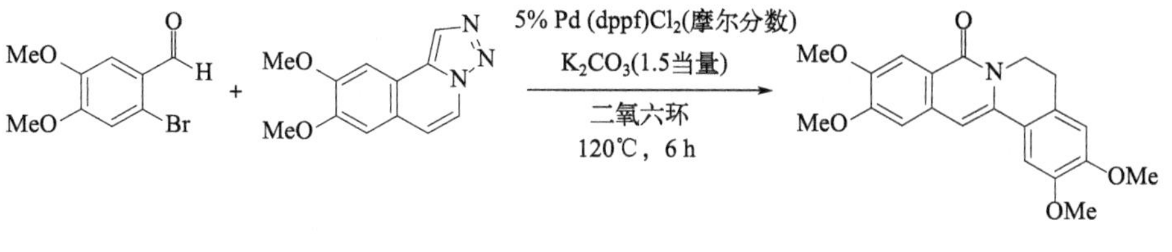

图 1-26 并四环喹嗪酮衍生物的合成路线

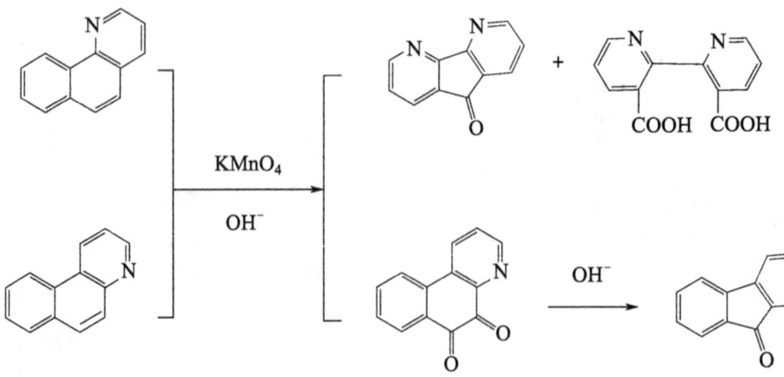

图 1-27　氮杂芴酮的一般合成方法

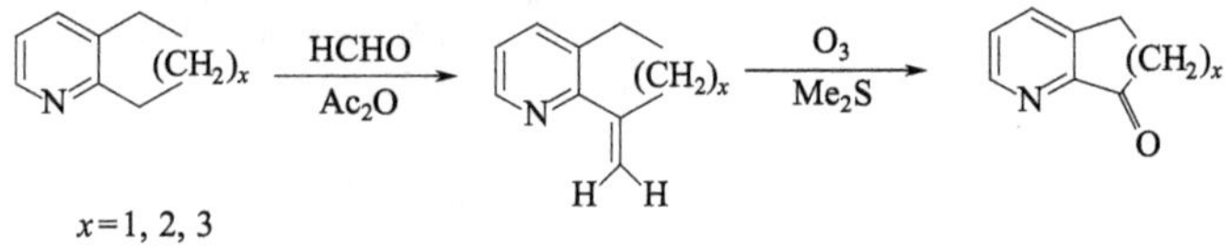

图 1-28　吡啶芴酮的合成

1989 年，H. C. van der Plas 等人通过嘧啶分子内双醛反应获得了氮杂芴酮化合物，实现了对分子内氮杂芴酮骨架的构筑，产率高达 95% 以上（图 1-29）。然而，该反应的底物适用范围较窄，并且需要较高的反应温度[97-99]。

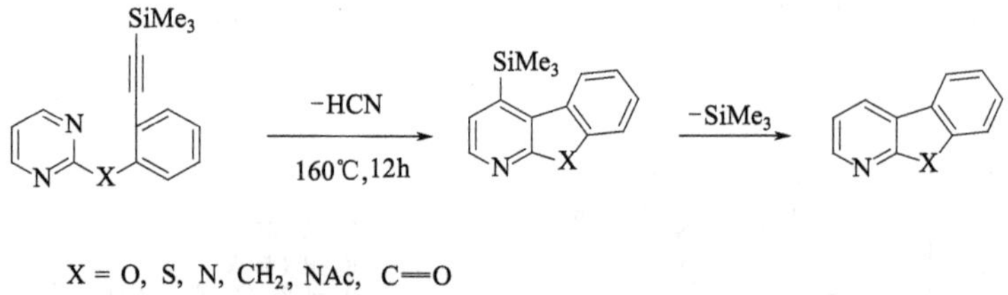

图 1-29　氮杂芴酮的合成

2003 年，Quéguiner 组报道了一种合成氮杂芴酮的新方法。该方法利用 2-(吡啶)苯甲酸，在无催化剂的情况下，仅加入锂试剂（四甲基哌啶锂 LTMP 或者二异丙基氨基锂 LDA），在室温下实现了此转化，反应产率可达 52%～67%（图 1-30）。然而，遗憾的是，该方法的起始原料需要格式试剂的参与，并且底物需要经过两步反应才能制得。因此，合成路线需要进一步优化[100]。

2004 年，Wilson 组报道了一种新型氯化氮杂芴酮骨架的合成方法（图 1-31）。在钯催化条件下，将环戊酮和丙二酸二甲酯作为原料，通过发生不对称取代制得目标产物。最后一步反应的产率高达 97%[101]。

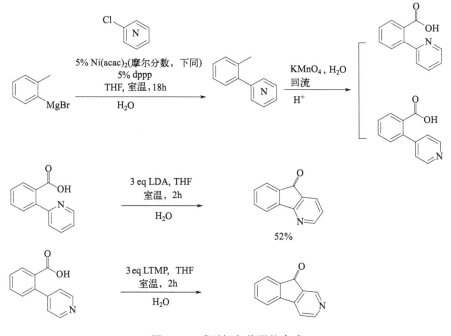

图 1-30 系列氮杂芴酮的合成

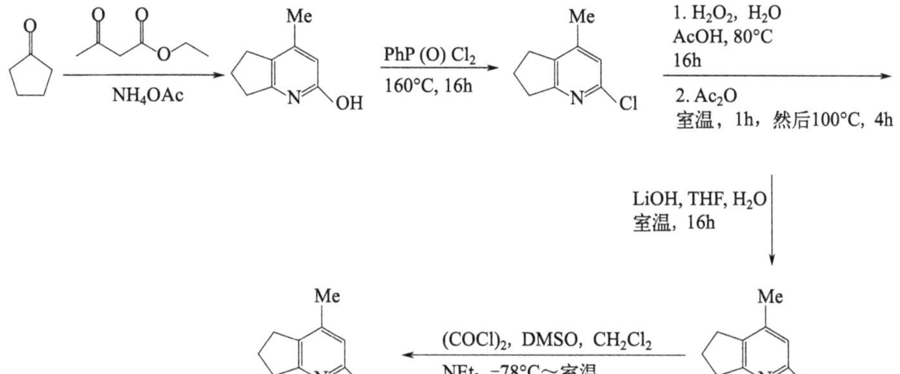

图 1-31 氯化氮杂芴酮的合成

2013 年，Glorius 组报道了一种以季铵盐促进醛类分子内脱氢芳基化合成芴酮的方法（图 1-32）。与之前的合成方法相比，这种新型直接酰化反应可以在无过渡金属、酸或碱的参与下进行。此反应需要过硫酸盐氧化剂的存在来促进反应的发生，反应产率最高可达到 70%。此外，通过对反应机理的探究，初步阐明了反应的进行过程[102]。

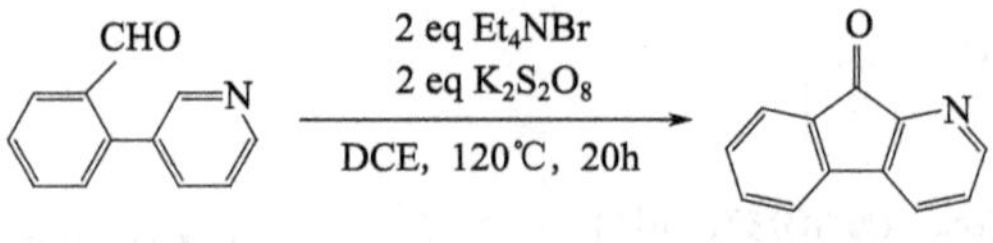

图 1-32 并环氮杂芴酮的合成

2014 年，Christoffers 组报道了以邻溴吡啶甲酸为起始原料，经四步反应合成氮杂芴酮衍生物的方法（图 1-33）。产物的总收率接近 50%。该类化合物可经 Heck 反应等步骤制备环转化或扩环反应所需的反应原料[103]。

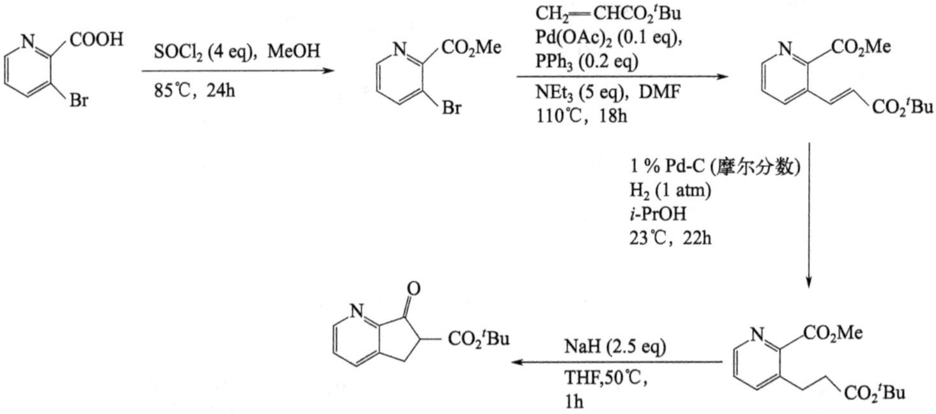

图 1-33 氮杂芴酮衍生物的合成

2015 年，Ramasastry 组报道了一种通过 β,β-双取代烯酮系列底物进行 Morita-Baylis-Hillman（MBH）反应的方法，以实现对映选择性合成氮杂芳烃芴酮（图 1-34）。在此之前，β,β-二取代-α,β-不饱和电子引出体系发生 MBH 反应被认为是不可行的。然而，通过协同引导和熵偏好的分子内反应，该反应得以实现。该反应条件极其温和，可以在室温下进行，仅需要一步即可得到目标产物，且反应产率极高。此外，所合成的目标产物及其衍生物可用于合成许多具有生物活性的天然产物和具有药理意义的化合物[104-105]。

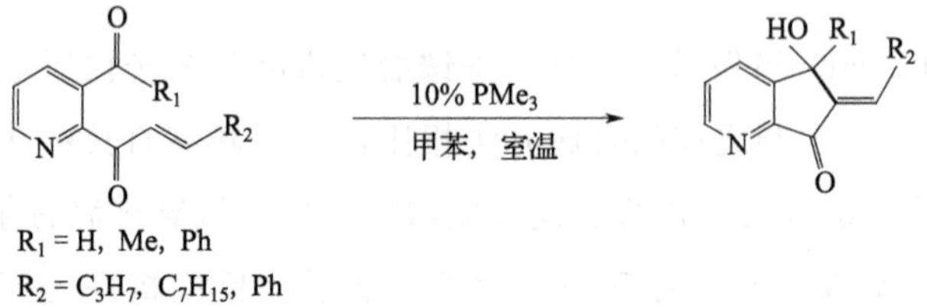

图 1-34 多取代氮杂芳烃芴酮的合成

2019 年，Hoye 组报道了一种由二炔腈生成吡啶芴酮的反应方法。该方法通过改变氰基官能团的位置，可以调节最终目标产物的生成，从而产生 3,4-吡啶或 2,3-吡啶化合物（图 1-35）。通过对反应机理的研究，可以证明反应活性中间体具有一定的原位诱捕效应，从而导致高取代和功能化吡啶衍生物的产生。该反应的收率约在 20%～50% 之间[106-107]。

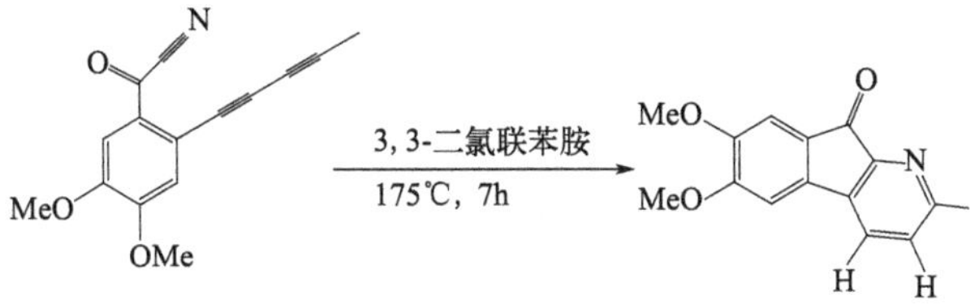

图 1-35　并三环氮杂芳烃芴酮衍生物的合成

2020 年，Jonathan Sperry 组报道了一系列可再生甲壳素含氮芴酮类化合物（图 1-36）。这些化合物以环戊烯二酮为起始原料，经由两步反应合成得到目标产物。通过拓展反应获得的一系列底物衍生物，可用作相关药物的反应底物。因此，这些化合物为天然药物合成制备提供了合成基础[108-110]。

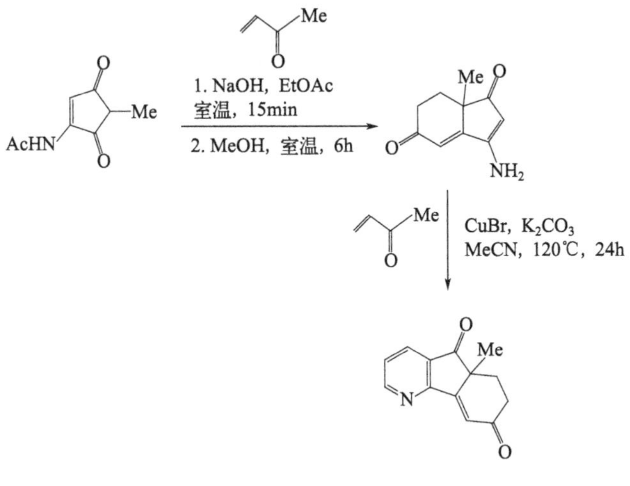

图 1-36　并三环氮杂芳烃芴酮的合成

2022 年，Christoph Schotes 等人在铱催化下合成了手性吡啶芴酮类骨架（图 1-37）。这种手性骨架可用于大规模制备新型杀菌剂 Inpyrfluxam。该方法主要基于铃木-宫浦（Suzuki-Miyaura）偶联和高对映选择性转移氢化反应。此外，研究人员还开发了与该手性骨架有关的工厂级别实用工艺，为下一步的大规模合成提供了合成基础[111-112]。

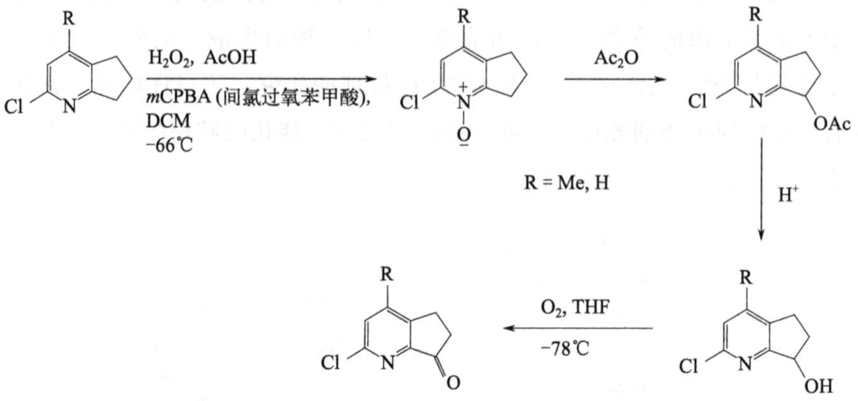

图 1-37 手性吡啶芴酮的合成

1.1.3 芳环并吡咯酮的合成及应用

1972 年，Southwick 初步尝试了以 2,3-二氧吡咯烷为原料制备 1,2-二氢-3-氧合-3H-吡咯并 [3,4-b] 喹啉衍生物的方法（图 1-38）。这些衍生物可用于进一步合成抗白血病和抗肿瘤药物——喜树碱。然而，该反应的收率非常低，不到 10%。反应时需要使用硫酸进行回流，因此需要进一步优化反应条件[113-115]。

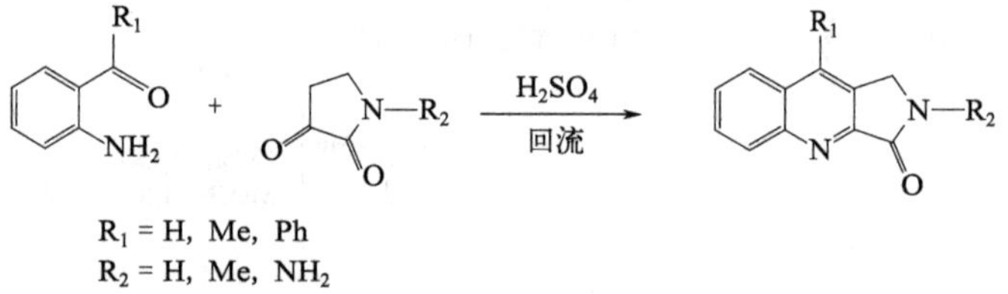

图 1-38 1,2-二氢-3-氧合-3H-吡咯并 [3,4-b] 喹啉衍生物的合成

1995 年，Eckhard Ottow 以 (2,2,6,6-四甲基哌啶基) 氯化镁 (TMPMgCl) 与吡啶羧基酰胺发生区域选择性金属化，从而制得了吡啶并吡咯酮骨架，反应产率为 55% 左右（图 1-39）。然而，该反应类型的官能团兼容性相对较低，需要进行进一步的优化[116-118]。

1998 年，Dodd 报道了一种以氯化吡啶酰胺衍生物为起始原料，经过两步反应得到吡啶并吡咯酮骨架及其系列衍生物的方法（图 1-40）。此反应的产率接近 80%，但反应的普适性一般。值得注意的是，在取用危险锂试剂时，需注意操作安全[119]。

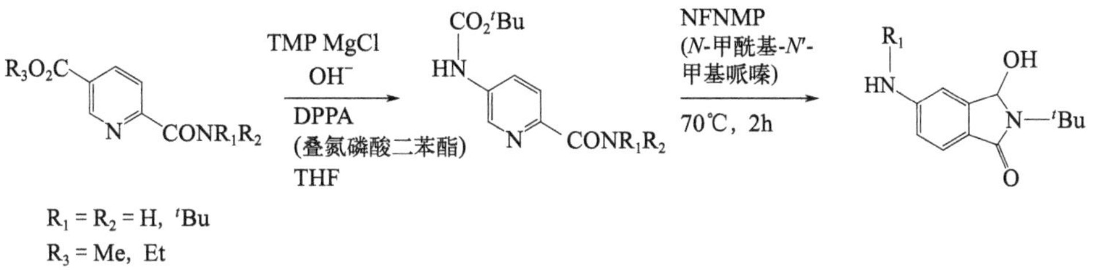

图 1-39 吡啶并吡咯酮的合成

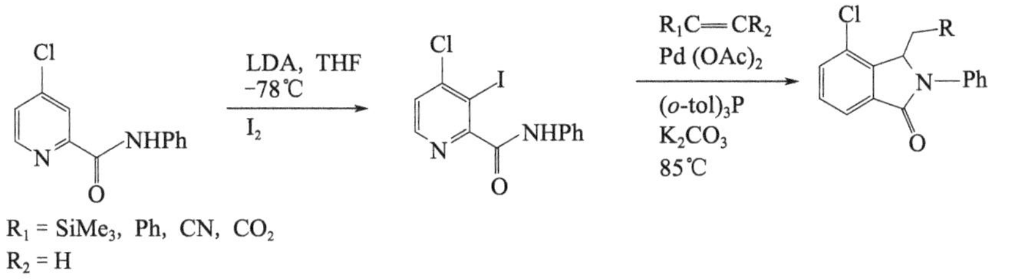

图 1-40 吡啶并吡咯酮衍生物的合成

2005 年，Mohammed 报道了一种仅以喹啉羧酰胺作为反应底物，制备饱和吡啶并吡咯酮和螺环-内酰胺的方法（图 1-41）。这种方法不仅可以通过一锅法同时合成两种产物，还可以拓展到含四元、五元或六元环芳环化合物的合成，从而获得一系列含多环杂环的化合物，包括吡咯并吡啶、吡咯并喹啉和氮杂螺环-内酰胺。该反应条件简单，产率最高可达到 45%。此外，通过 X 射线单晶衍射实验证明了产物的化学结构[120]。

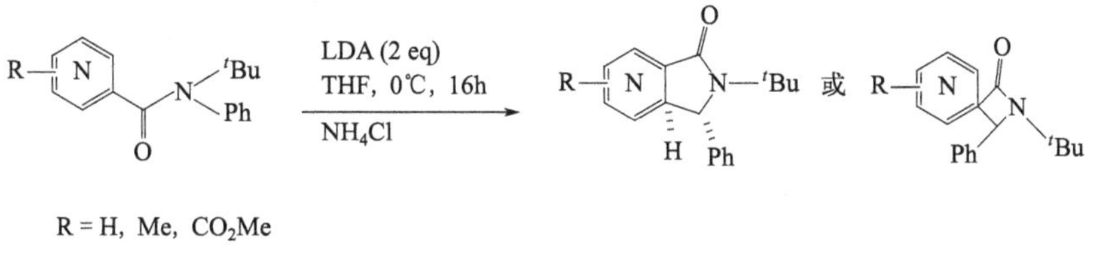

图 1-41 吡咯并吡啶、吡咯并喹啉和氮杂螺环-内酰胺的合成

2006 年，Francis Marsais 等人报道了一种使用一锅法将吡咯羰基酰胺原位合成 2,3-二氢吡咯吡啶的方法（图 1-42）。这种新的合成路线可以通过调节不同的反应条件，制得氨甲基化的吡啶羧基酰胺/2,3-二氢吡咯并吡啶酮或 1,1-二烷基化的 2,3-二氢吡咯并吡啶酮衍生物。该方法的底物适用范围极为广泛，产率在 50%～80%波动[121]。

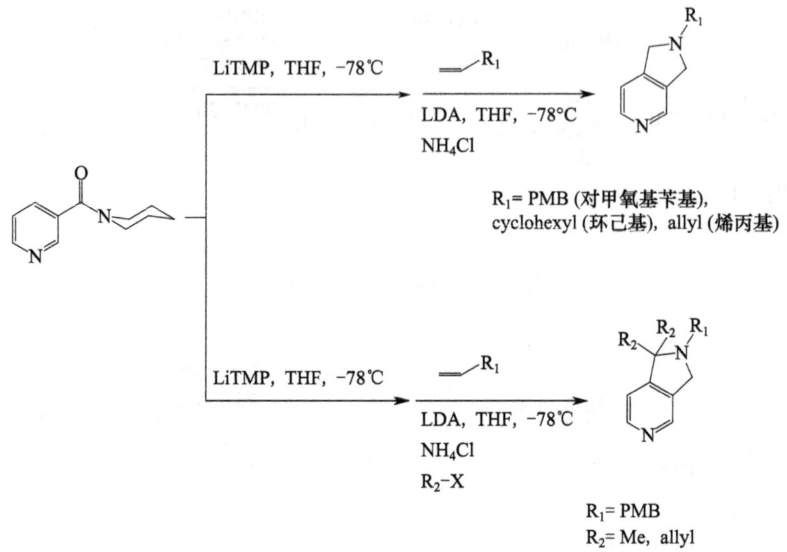

图 1-42 二氢吡咯并吡啶的合成

2008 年，Reshma Rani 课题组发展了一种合成方便、无溶剂、高收率的双环杂环吡啶并吡咯酮化合物骨架的合成方法（图 1-43）。该方法以邻苯二甲酸、1,2-苯二乙酸、2,3-吡啶二羧酸、3,4-吡啶二羧酸、2,3-吡嗪二羧酸等系列羧酸衍生物为原料，在微波条件下与 1-(2-氨基乙基)-哌啶和糠胺发生缩合反应，可以一步得到多种吡啶并吡咯酮化合物。整个反应在 5 分钟内完成，后处理非常简单，所得产物的收率稳定在 80% 左右[122]。

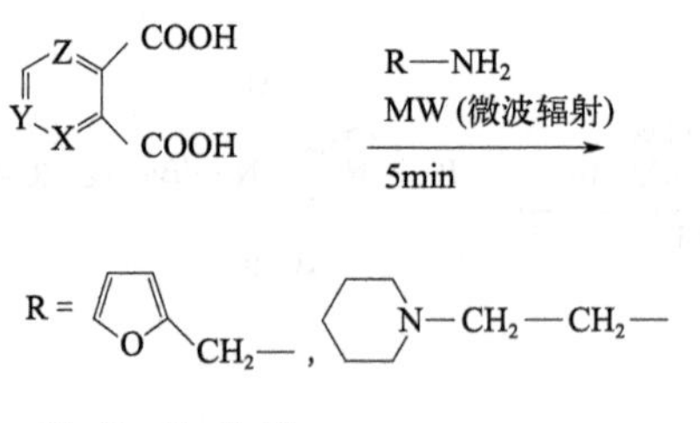

图 1-43 双环杂环吡啶并吡咯酮的合成

2011 年，Manikonda 组报道了一种苯并吡啶吡咯环酮的合成方法和潜在应用（图 1-44）。主要以丙烯胺和丙烯酸乙酯为起始原料，经过四步反应，最终得到目标产物。条件温和，且每一步收率都在 70% 左右。在随后的性能探究中，发现该骨架可有效抑制肿瘤活性，尤其是神经母细胞瘤（SKeNeSH）和肺癌

(A549) 细胞。目前已经进入了细胞毒性实验的阶段[123-125]。

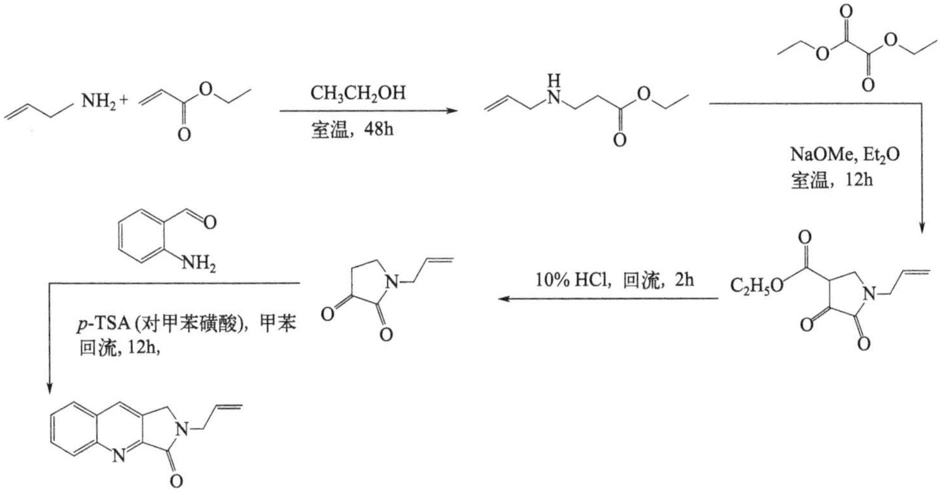

图 1-44　苯并吡啶吡咯环酮的合成

2013 年，Peter Langer 组报道了一种钯催化的 1,2-二溴芳烃羰基化反应，用于合成邻苯二酰亚胺（图 1-45）。在该反应中，目标产物结构中的一氧化碳源自六羰基钼。该反应条件方便、温和，产率可达到 80%。此外，在随后的机理探究中，研究者通过一系列的计算和控制实验，阐明了反应的每一步反应历程[126-127]。

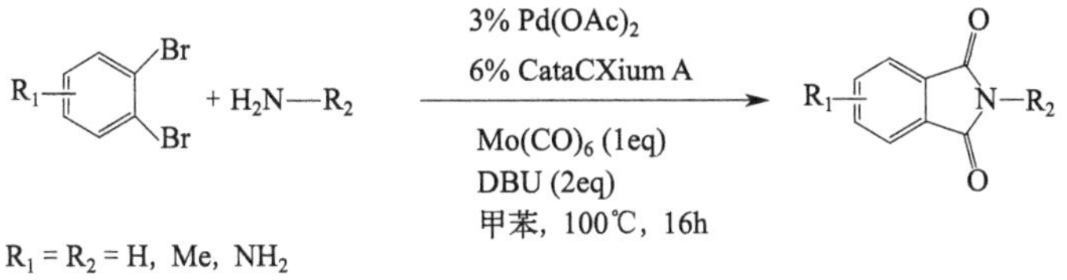

图 1-45　邻苯二酰亚胺衍生物的合成

(CataCXium A：[(二(1-金刚烷基)丁基膦基)-2-(2′-氨基-1,1′-联苯基)]钯(Ⅱ)甲磺酸酯)

2014 年，席婵娟组报道了一种 Rh(Ⅲ) 催化的吡啶酰胺和烯烃的联氧化烯 C—H 活化-环化反应，用于制备吡啶并吡咯酮衍生物（图 1-46）。该合成方法具有优异的区域选择性和立体选择性，且产率可达 90% 以上。此外，该反应中使用的助剂醋酸铜用量非常低，O_2 还可以作为末端氧化剂。研究人员还对反应历程进行了初步的探究[128]。

2015 年，Takahashi 报道了一种新型的钯催化羰基酰胺化反应（图 1-47），用于一步合成 5-取代噻吩并[3,4-c]吡咯-4,6-二酮（TPDs）。该反应条件非常温

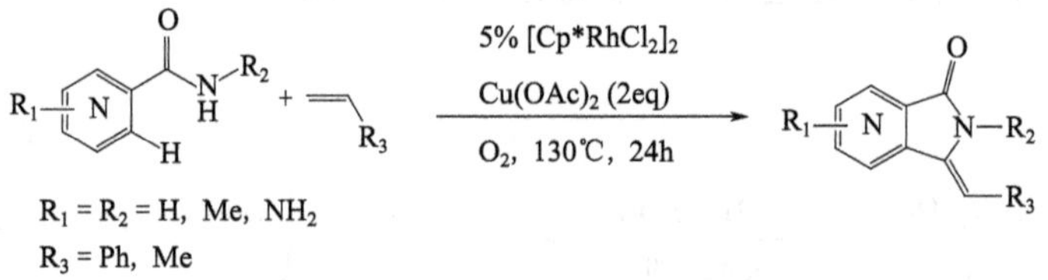

图 1-46 吡啶并吡咯酮衍生物的合成

和，但最高产率不到 50%。值得注意的是，该合成方法还可以进一步应用于吡啶并吡咯二酮（PPD）和吡咯并异吲哚四酮（PIT）的合成。这些化合物是功能材料和生物活性化合物的重要组成部分，为更多材料和药物的研发提供了物质基础。此外，TPDs 还是构建有机电子器件的重要结构元件[129-130]。

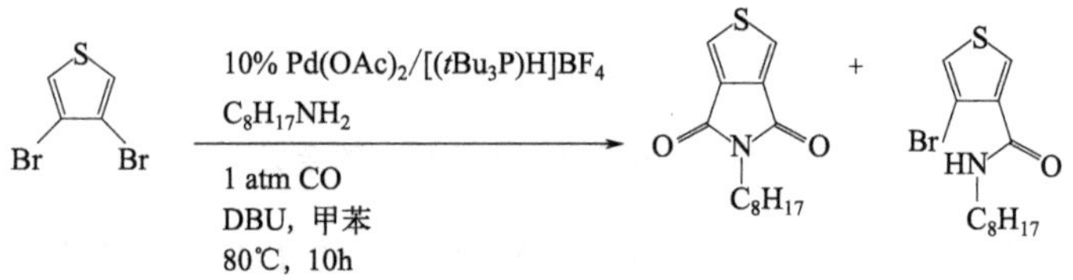

图 1-47 吡啶吡咯二酮的合成

2017 年，Behrouz Notash 等人报道了一种钯催化的 2-氯喹啉-3-碳醛与异氰化物的串联反应，用于制备新型吡啶并吡咯酮衍生物（图 1-48）。通过控制反应条件，底物可以逐步发生酰胺化、内酰胺化或氨基甲酸酯反应，最终生成目标产物。该反应一步构筑了 C—C、C—N 和 C—O 键，收率约为 80%[131]。

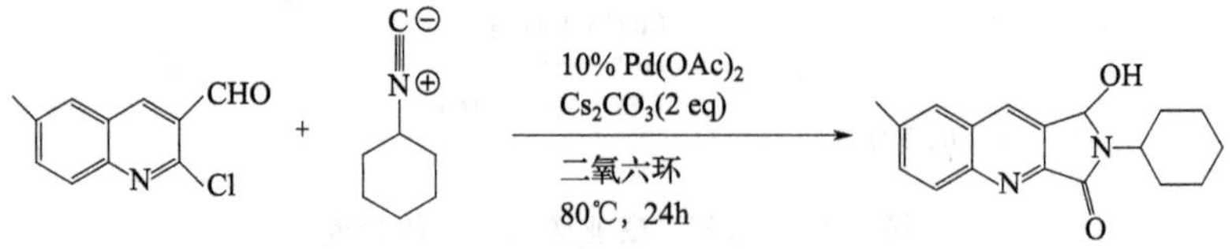

图 1-48 吡啶并吡咯酮衍生物的合成

同年，张伟课题组报道了一种新型无催化剂参与的一锅法合成吡咯并喹啉二酮和喹啉二羧酸酯的方法（图 1-49）。该反应的后处理过程仅生成了氮气和水。这种合成方法高效、快捷、环保，反应在 35min 内即可完成，收率最高可达到 92%[132]。

2019 年，秦华利课题组以乙烯磺酰氟为乙烯供体，采用 C—H 活化策略催化末端烯烃环插入吡啶的方法，成功制得吡啶并吡咯酮骨架（图 1-50）。在 Rh

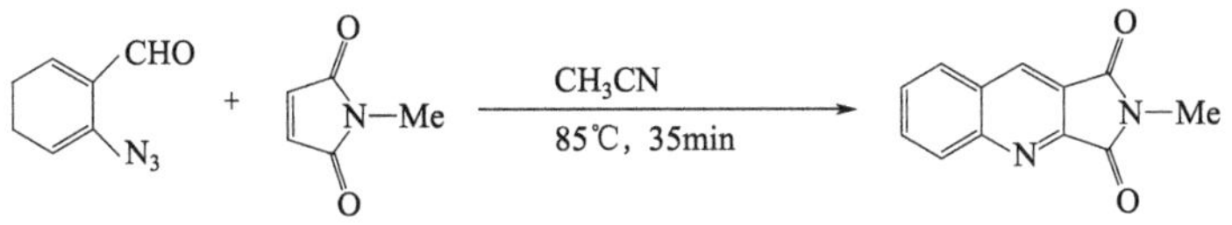

图 1-49 吡咯并喹啉二酮的合成

(Ⅲ) 催化下，乙烯成功插入吡啶酰胺上的环状尾端。该反应为含吡啶单元且分子具有独特的末端烯烃部位的多样化环合提供了新的方法。此外，该方法还可以用于药物分子——索拉非尼的进一步官能团化修饰[133-134]。

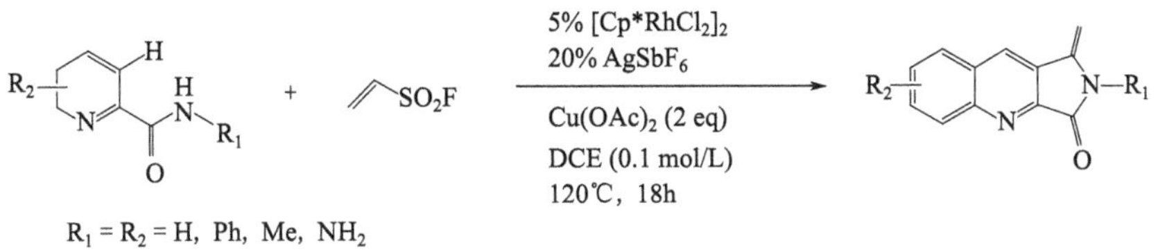

图 1-50 吡啶并吡咯酮衍生物的合成

2020 年，Wei 课题组报道了一种利用铁催化自由基，将炔烃肟和烯烃合成融合吡啶并吡咯酮衍生物的方法（图 1-51）。在该反应中，其中一个反应底物——烷基联肼是经过合理设计并成功构筑出来的一类新化合物。该反应路径可快速构建一系列结构新颖的融合吡啶并吡咯酮衍生物。该方法具有广泛的底物适用范围和良好的官能团耐受性，为合成含有该类骨架的多种生物活性分子提供了借鉴。反应产率最高可达到 80%[135-136]。

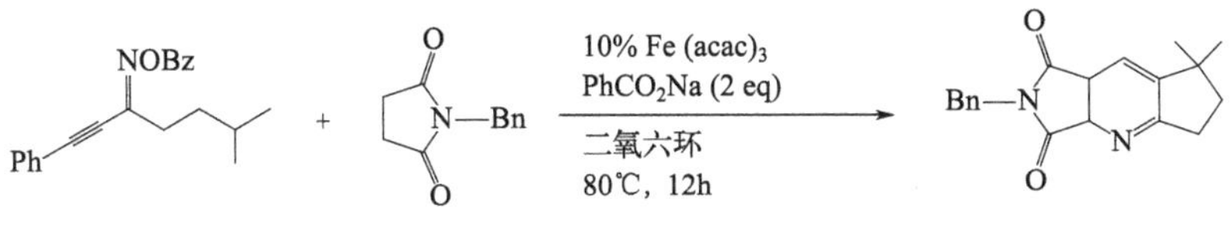

图 1-51 融合吡啶并吡咯酮衍生物的合成

2021 年，Kaliappan 课题组报道了一种一锅法直接获得 3-亚甲基异吲哚啉-1-酮的策略（图 1-52）。该反应主要经历了氰化、水解、制胺三个过程。仅需加入 CuCN 作为反应试剂，无需无水或无氧的特殊环境，2-卤代苯乙酮可一步转化为 3-亚甲基异吲哚，反应产率最高可达到 92%。该合成路径的适用范围可进一步扩展到含有此骨架的生物活性药物的合成[137]。

2022 年，Desbène-Finck 课题组报道了一种新型多环氮杂环的合成方法（图 1-53），产物可用作胸苷激酶磷酸化酶（TP）的抑制剂。终产物以两种路线制

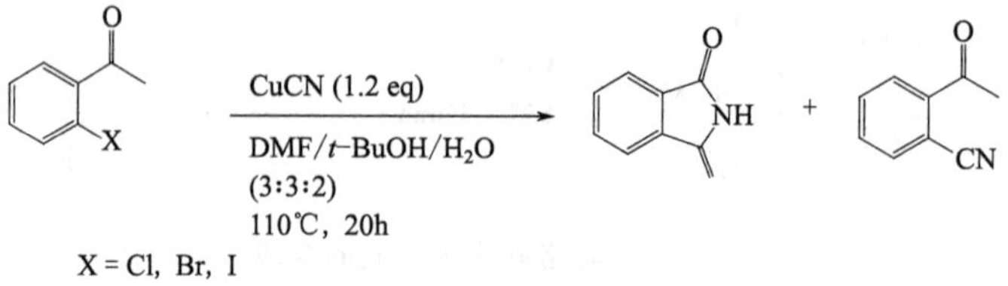

图 1-52　3-亚甲基异吲哚啉-1-酮的合成

得。相较于（a）合成路线，其最后一步的产率仅为 12%，（b）路线更佳，其可以 39%的产率一步制得目标产物。然而，（b）路线中的反应底物溴化环戊二酮需要预先制得，这会导致一定的人力和物力损耗。此外，这两种合成方法还可以用于合成其他嘧啶吡啶吡咯四酮衍生物。在性能方面，这些化合物可以与胸苷激酶的固定位点相互作用，并对 TP 表现出竞争性抑制作用[138-139]。

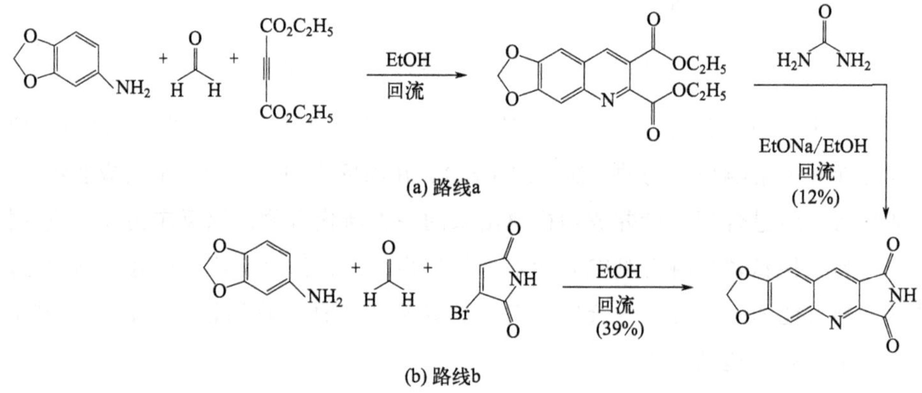

图 1-53　多环氮杂环的合成路线

1.1.4　双吡咯烷酮的研究进展

尽管上述含氮稠环骨架在天然分子、医药分子以及疾病治疗等领域展现出了良好的应用价值，但在已报道的工作中，所合成的氮杂稠环骨架皆为平面结构。进一步将手性因素引入氮杂稠环骨架，赋予该类分子更多特殊性能，为其在材料和生物方面的应用提供更多的可能，是当前重要的研究话题。

然而，目前构筑具有手性中心的氮杂稠环骨架（如并吡咯骨架的氮杂功能分子）的合成方法仍有待发展。尤其对于双吡咯烷酮这类含手性中心的氮杂稠环类分子，由于其结构复杂、步骤繁琐、需要危险试剂参与、原料难以获得等条件限制，导致其合成仍相对困难。因此，我们希望在已有的研究基础上，开发更多简单高效的合成方法来构筑此类骨架，并进一步促进对并吡咯骨架分子性能的研究。

1975年，Klaus Hartke课题组以丙二腈和2,3-丁二酮为起始原料，经过六步反应成功制得双吡咯烷酮骨架（图1-54）。然而，构筑该类骨架的步骤繁多，无法保证最终目标产物的收率。此外，反应过程中还需要使用高温、强酸等条件，存在一定的危险。因此，需要进一步优化反应路线，以简化合成步骤并提高产物收率[140]。

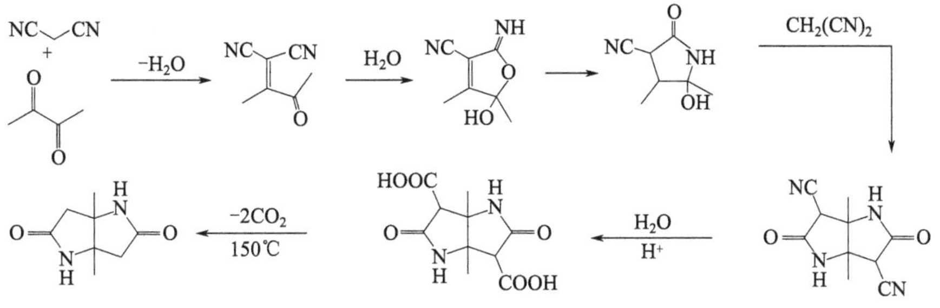

图1-54 双吡咯烷酮的合成路线

1989年，Stefan Wolff课题组报道了一种四氢吡咯并吡咯酮的合成方法（图1-55）。该方法以邻碘苯胺与吡咯酮衍生物为反应原料，经过4步反应成功合成了四氢吡咯并吡咯酮衍生物。四氢吡咯并吡咯酮具有独特的结构和化学性能，因此可应用于光电材料和电池材料的制备。这项研究为后续扩大合成这类化合物提供了借鉴和参考[141]。

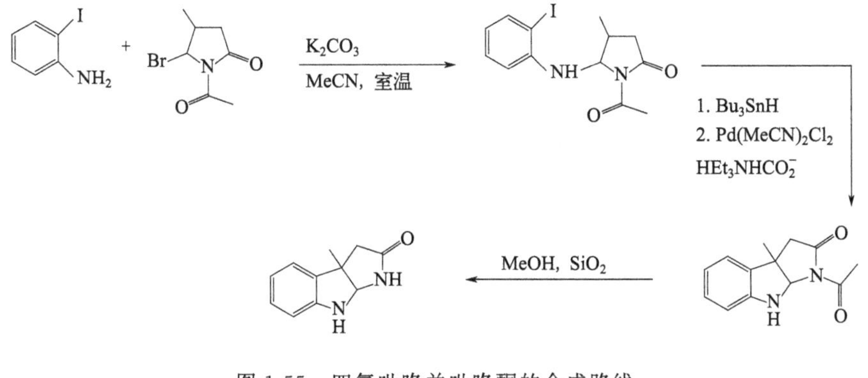

图1-55 四氢吡咯并吡咯酮的合成路线

1991年，Prank等人报道了一种利用苯甲醛苯腙自身环化反应合成四氢吡咯并吡咯双酮的方法（图 1-56）。该方法无需过渡金属催化剂和其他反应助剂的参与，仅需将温度提高到 180℃即可实现原料的转化，产率可达到 80%以上[142]。

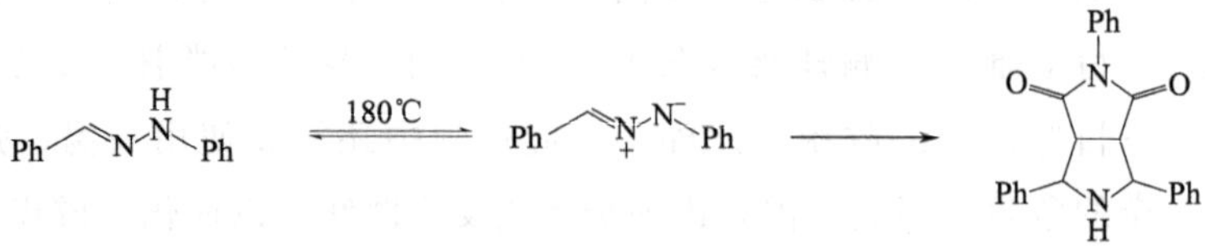

图 1-56　四氢吡咯并吡咯双酮的合成路线

1998 年，Catherine Risley 等人报道了以 1-氨基-3,3-二乙氧基丙烷为反应原料，经过多步反应合成四氢吡咯并吡咯酮骨架的方法（图 1-57）。然而，该反应过程非常繁琐，步骤复杂，总体收率不高。尽管如此，该类化合物仍是合成弹性蛋白抑制药物的重要前体之一。因此，该反应路线有待进一步优化[143]。

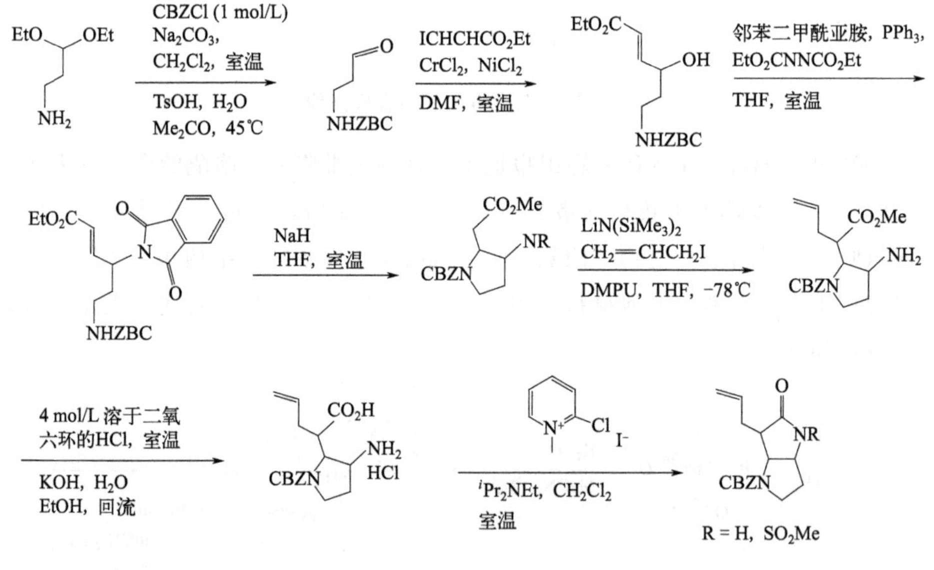

图 1-57　四氢吡咯并吡咯酮衍生物的合成路线

1999 年，Steven B. Walls 等人报道了一种以单吡咯酮为基础骨架，通过高温一步制得四氢吡咯并吡咯酮衍生物的方法（图 1-58）。该反应的收率接近 70%[图 1-58（a）]，是合成粒细胞弹性蛋白酶抑制剂的重要原料。同年，Andy Pennell 等人也通过合理的实验设计，实现了由单一吡咯环衍生物向并吡咯酮的转化，转化率在 65%～70%之间［图 1-58（b）］。然而，该反应的底物适用性存在着一定的限制[144-145]。

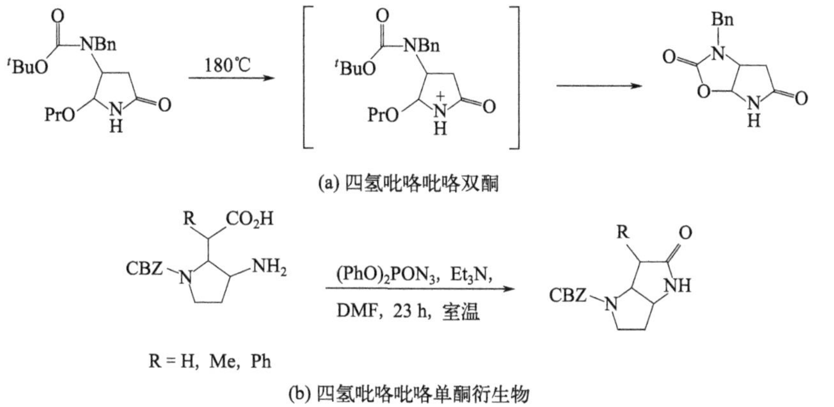

(a) 四氢吡咯吡咯双酮

(b) 四氢吡咯吡咯单酮衍生物

图 1-58 四氢吡咯并吡咯双酮和四氢吡咯并吡咯单酮衍生物的合成

2000 年，Weingarten 等人尝试利用支链烃-2,4-二氨基丁酸为原料合成四氢吡咯并吡咯酮骨架（图 1-59）。该反应需要经历五个步骤，并且需要在低温及锂试剂存在的条件下进行。最终成功制得并吡咯酮衍生物。这些衍生物可以进一步合成吡咯烷-5,5-反式内酰胺环体系，进而用作巨细胞病毒（HCMV）蛋白酶抑制剂[146-147]。

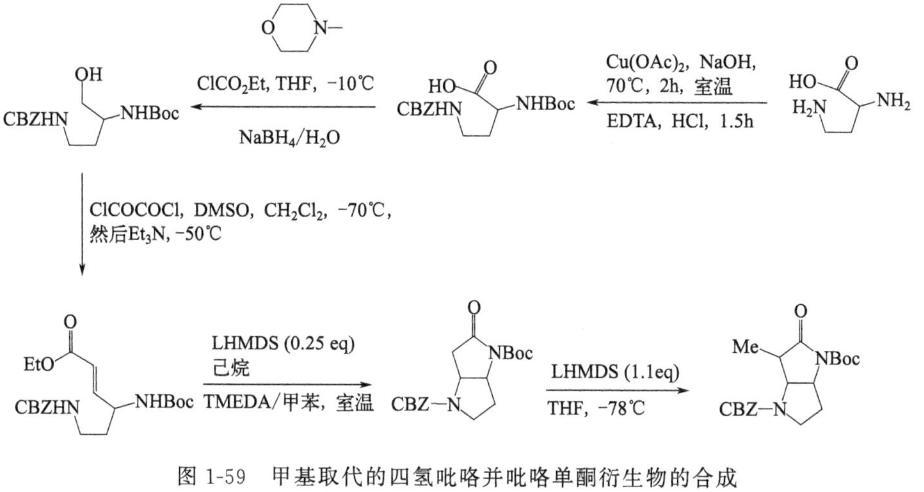

图 1-59 甲基取代的四氢吡咯并吡咯单酮衍生物的合成
TMEDA：四甲基乙二胺；LHMDS：六甲基二硅基胺基锂

2002 年，Woolven 和 Slater 等人报道了一种以吡咯单环衍生物为起始原料，经过三步反应合成吡咯并吡咯酮骨架的方法（图 1-60）。在此基础上，他们进一步拓展了合成路线，成功合成了吡咯烷-5,5-反式内酰胺。这些化合物在丙型肝炎 NS3/4A 蛋白酶活性抑制方面表现出有效的活性[148-151]。

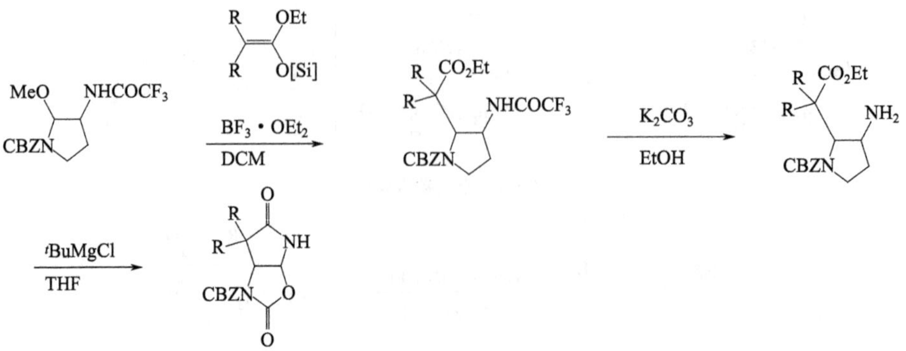

图 1-60　四氢吡咯并吡咯双酮衍生物的合成

2011 年，Andreana 课题组报道了一种在微波条件下构筑新型芳环并吡咯并吡咯酮骨架的方法（图 1-61）。该方法通过将四个组分（苄胺、富马酸单乙酯、对羟基苯甲醛、叔丁基异腈）同时置于一个体系中，在高温微波作用下，一锅法获得目标产物。该反应的产率可以达到 85%。这项研究表明，该反应具有良好的底物普适性和官能团兼容性[152]。

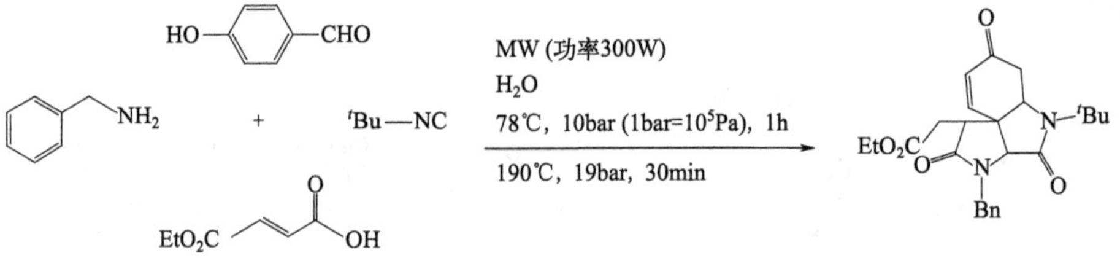

图 1-61　并三环四氢吡咯并吡咯双酮衍生物的合成

2012 年，Eycken 及其他课题组相继报道了一种金属催化下，以螺吲哚化合物为反应物，一步合成多米诺环化芳环并吡咯并吡咯酮衍生物的方法（图 1-62）。该反应在室温下进行，部分反应几乎可以达到定量转化。X 射线单晶衍射实验证明了产物的多环结构。尤其重要的是，该反应的底物适用性非常广泛，可以使用

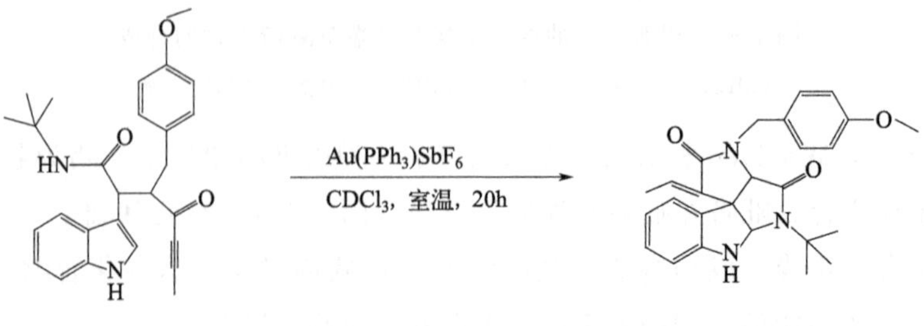

图 1-62　多米诺环化芳环并吡咯并吡咯酮衍生物的合成

含有不同官能团的底物进行。研究人员对反应的机理进行了初步探究，并分析了各个反应物的反应历程[153-157]。

2014 年，Yehia A. Ibrahim 课题组报道了一种利用苯并三唑的光化学引发分子间环加成，合成吲哚和二氢吡咯并 [3,4-b] 吲哚的反应（图 1-63）。该反应在紫外 254nm 波长的照射下进行，目标产物的结构通过 X 射线单晶衍射进行了验证。但是，该反应的收率较低，不到 20%。同时，研究人员通过对反应机理的探究，揭示了反应物的反应历程[158]。

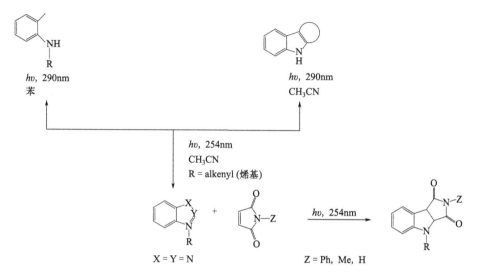

图 1-63　吲哚和二氢吡咯并 [3,4-b] 吲哚的合成路线

2015 年，Christopher S. Jeffrey 课题组报道了一种新型氮杂氧烯丙基阳离子的吲哚环加成反应，并成功合成了吡咯并吲哚衍生物（图 1-64）。该反应可用于快速合成具有生物活性的吡咯并吲哚骨架，最高收率可达 84%。然而，该反应的底物适用性较差。此外，该反应还可以用于合成天然产物毒扁豆碱[159]。

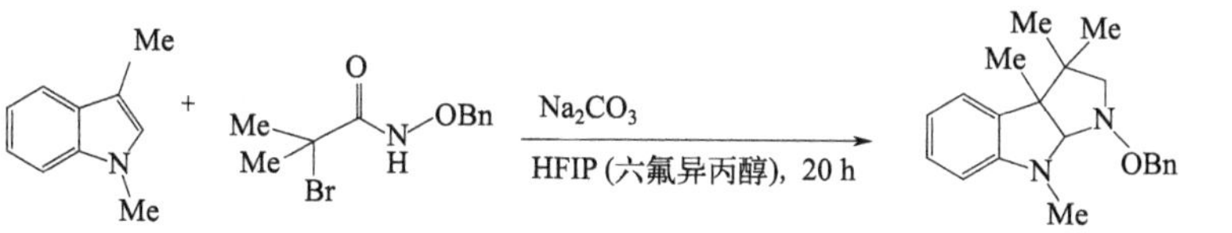

图 1-64　吡咯并吲哚衍生物的合成

同年，Kutateladze 课题组报道了一种在紫外光照射下，偶氮基与噁二唑分子通过内环加成直接转化为含螺旋-环氧环基的多杂环酮哌嗪酮的方法（图 1-65）。该反应的收率可达到 60%。通过 X 射线单晶衍射证明了所得产物的结构。另外，

Ruiz组则研究了 β-氨基烯前体构型对金催化下发生环化反应的影响[图 1-65(b)]。通过这种方法，得到了特殊结构的氮多环衍生物[160-161]。

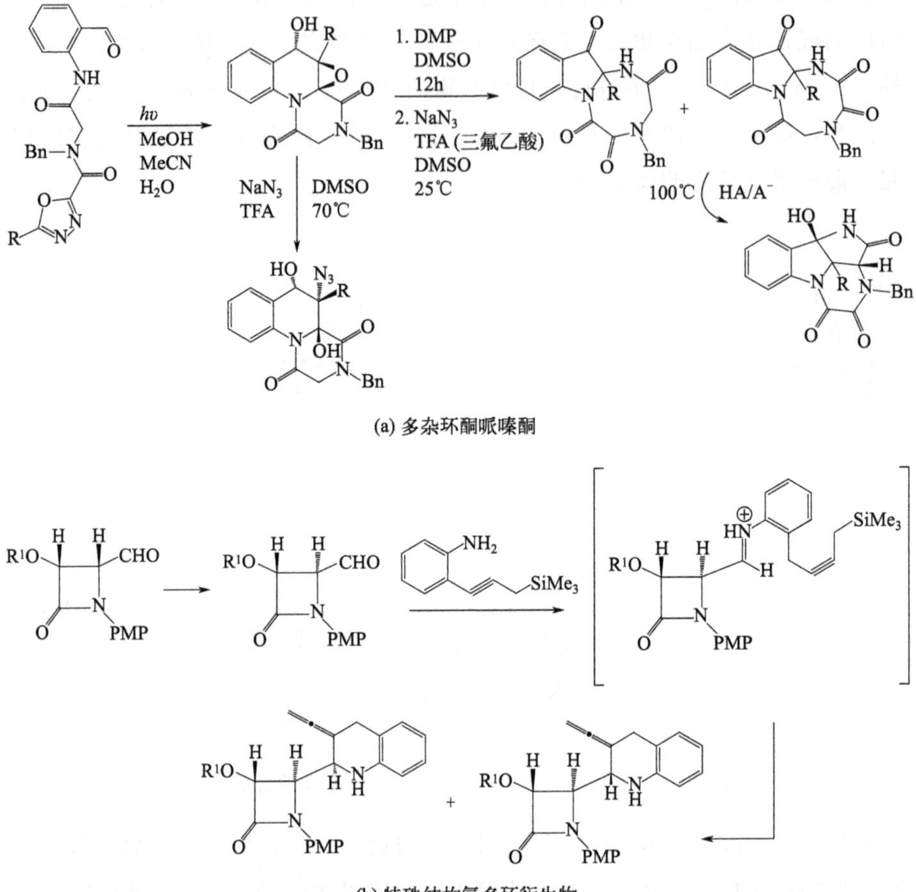

(a) 多杂环酮哌嗪酮

(b) 特殊结构氮多环衍生物

图 1-65 多杂环酮哌嗪酮以及特殊结构氮多环衍生物的合成路线

2016 年，李伟伟课题组报道了一种在非氯化溶剂参与下制备两种具有不同芳香取代基的不对称二酮吡咯共轭聚合物（DPP）的方法（图 1-66）[162]。这些聚合物可用于制备场效应晶体管和聚合物太阳能电池。由于这些新型聚合物具有分子量高、带隙小、极易溶于甲苯等特点，它们还可以用来加工半导体材料[163-169]。使用这两种聚合物制作的光伏器件可达到 6.5% 的光电转换效率（PCE），光响应高达 900nm。

2017 年，颜朝国课题组报道了一种无金属催化下直接将氮杂环戊二酮、菲醌和丙二腈三个组分进行环化的反应（图 1-67），最终得到了功能化的螺［茚-2,4-[3,4-b] 吡咯］和螺旋 [苊-1,4-[3,4-b] 吡咯]。该反应的最高产率可达到

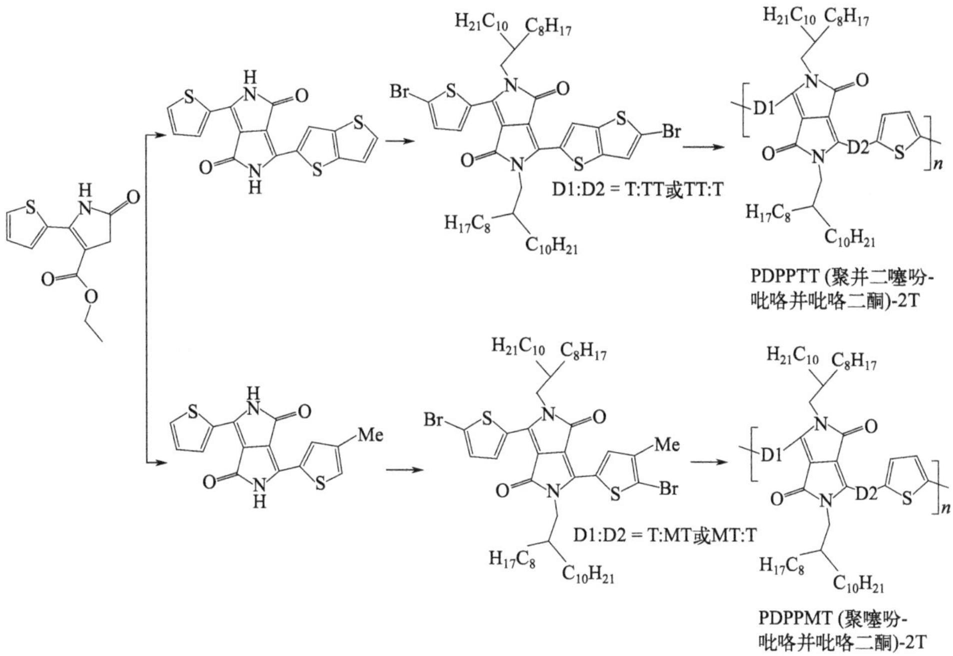

图 1-66　不对称二酮吡咯共轭聚合物合成路线

90%以上。此外，研究者通过表征相关反应产物的单晶证明了其结构[170]。

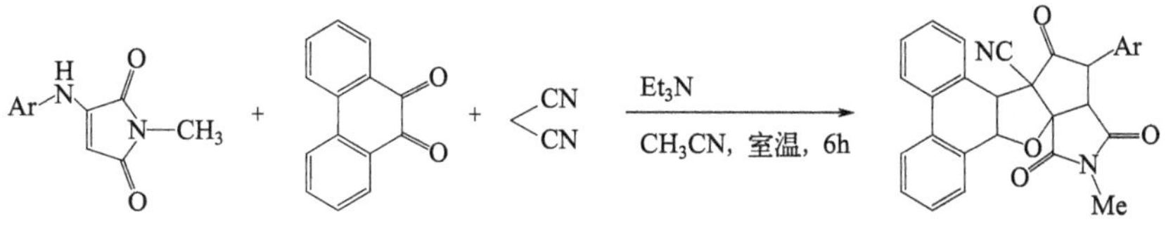

图 1-67　螺［茚-2,4-[3,4-b]吡咯］的合成方法

同年，周二军课题组综述了基于 DPP 的有机光伏小分子的系列研究进展，并深入探究了其光伏性能与结构、官能团修饰之间的关系。研究内容包括给体-受体结构块的变化、烷基取代、共轭桥的类型以及末端基团等。这些研究对于探索和制备新型结构独特的含 DPP 骨架的有机光伏小分子材料具有深远意义（图 1-68）。下面将对含 DPP 骨架的有机光伏小分子的分类进行介绍[171-177]。

2018 年，Yasuhide Inokuma 组报道了一种利用 1,4-二酮亚基的脂肪族低聚酮缩合成环制备 2,5-二氢戊二烯基吡咯酮的方法（图 1-69）。该反应过程中无需金属催化剂的参与，最高收率可达 54%。在进一步的性能探究中，发现目标分子本身具有一个低 LUMO（最低未占有轨道）水平的多重交叉共轭 π 体系。因

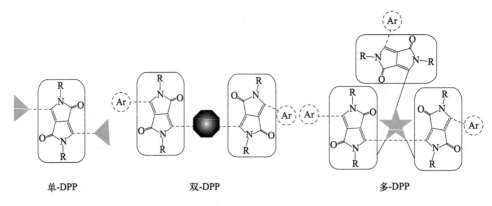

图 1-68　不对称二酮吡咯共轭聚合物骨架的分类

此，目标分子表现出了紫外/可见光的吸收和固态荧光。目标分子的具体性质有待进一步地研究[178-179]。

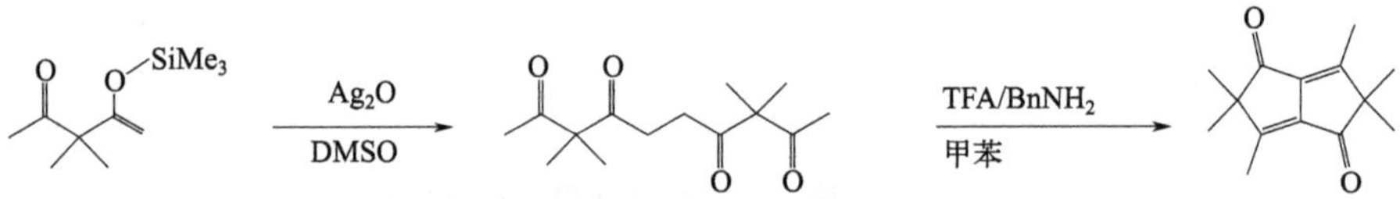

图 1-69　2,5-二氢戊二烯基吡咯酮的合成方法

2019 年，Yoshinori Yamamoto 组报道了一种利用铑（Ⅲ）催化 2-乙酰-1 芳酰肼与马来酰亚胺以 [3+2] 环化的策略。通过添加剂 AgNTf$_2$ 和氧化剂 Ag$_2$CO 的作用，成功合成了吡咯 [3,4-b] 吲哚 1,3-二酮以及其衍生物（图 1-70）。该反应条件温和，原料来源广泛且简单易得。此外，该反应还具有良好的官能团耐受性，适用于含卤素原子（F、Cl、Br 和 I）、酯、氰基和硝基等官能团的反应物[180]。

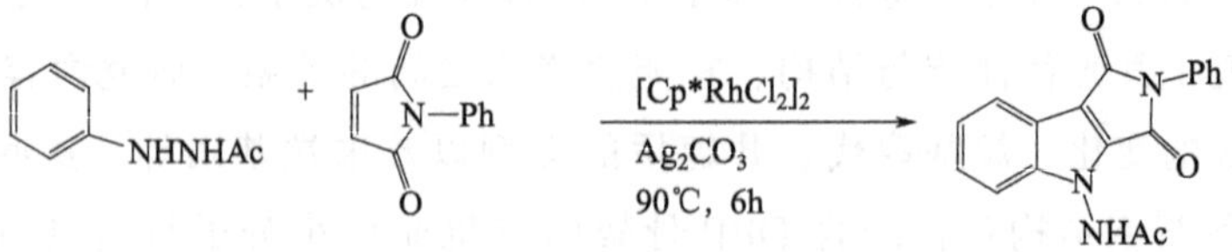

图 1-70　吡咯 [3,4-b] 吲哚 1,3-二酮的合成方法

2021 年，林爱军组报道了一种钯催化 β-萘酚、吲哚与宝石二氟化环丙烷发生三组分烯丙基烷基化去芳构化反应，制备吡咯并吡咯酮衍生物的方法 [图 1-71(a)]。该反应的产率最高可达 90%，是一种高效的合成四碳中心的吲哚类吡啶酮化合物的方法。此外，该反应兼顾较宽的底物范围和较好的官能团耐受性。同

年，游书力团队报道了一种在蓝色LED（发光二极管）光的照射下，仅加入DBU和无机盐等反应助剂即可实现由吲哚衍生物催化不对称去芳构化转化为四氢吡咯并吡咯酮［图1-71(b)］的反应。值得注意的是，该反应可以通过调节官能团的不同位置来得到不同的产物。部分拓展反应几乎可以达到定量转化。此外，通过详细的机理探究，阐明了该反应的反应历程[181-182]。

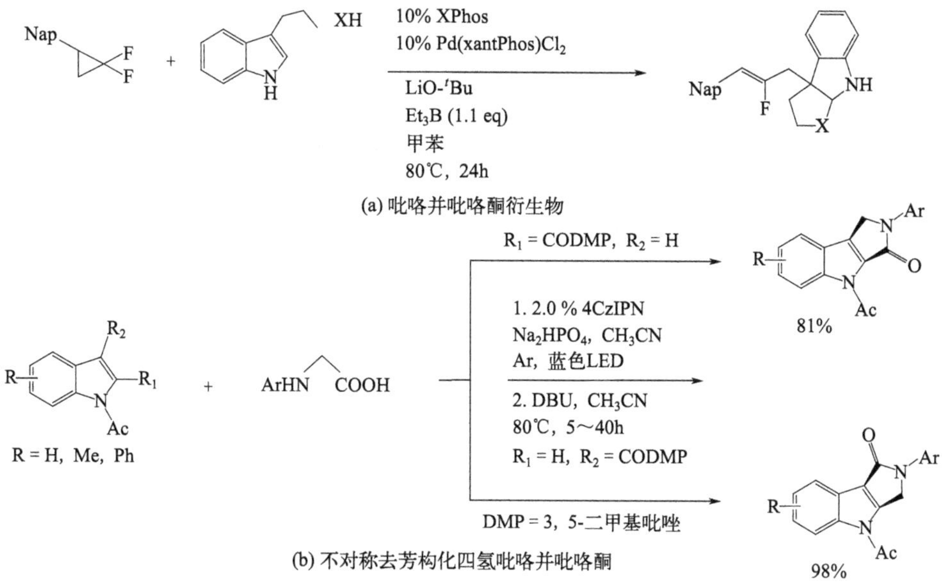

(a) 吡咯并吡咯酮衍生物

(b) 不对称去芳构化四氢吡咯并吡咯酮

图1-71 吡咯并吡咯酮衍生物和不对称去芳构化四氢吡咯并吡咯酮

2021年，Soji Shimizu组开发了一种具有明亮光电效应的近红外（NIR）荧光分子（图1-72）。通过将给电子三苯胺（TPA）引入吡咯并吡咯氮杂-氟硼荧（PPAB）基础骨架，形成给体-受体-给体（D-A-D）结构，使得PPAB的吸收和发射红移到近红外区域，使得该分子在近红外光电领域具有巨大的应用价值[183-189]。

2022年，朱强课题组报道了一种利用钯催化四组分（芳香基异腈烯烃、芳基卤化物、支链胺和一氧化碳）发生亚胺酰氨基甲酰化反应，一步合成多环四氢吡咯并吡咯酮衍生物［图1-73(a)］的方法。该反应适用的底物范围较广，反应底物的数量高达75个，并且部分反应可以达到定量转化（99%）。通过一步反应，同时形成了三个新的C—C键和一个C—N键。此外，烯烃无需活化即可发生反应。这也是少有的使用一氧化碳气体构筑四氢吡咯并吡咯酮骨架的报道之一。同年，Thorsten Bach组成功地利用可见光诱导吲哚衍生物发生去芳香氢原

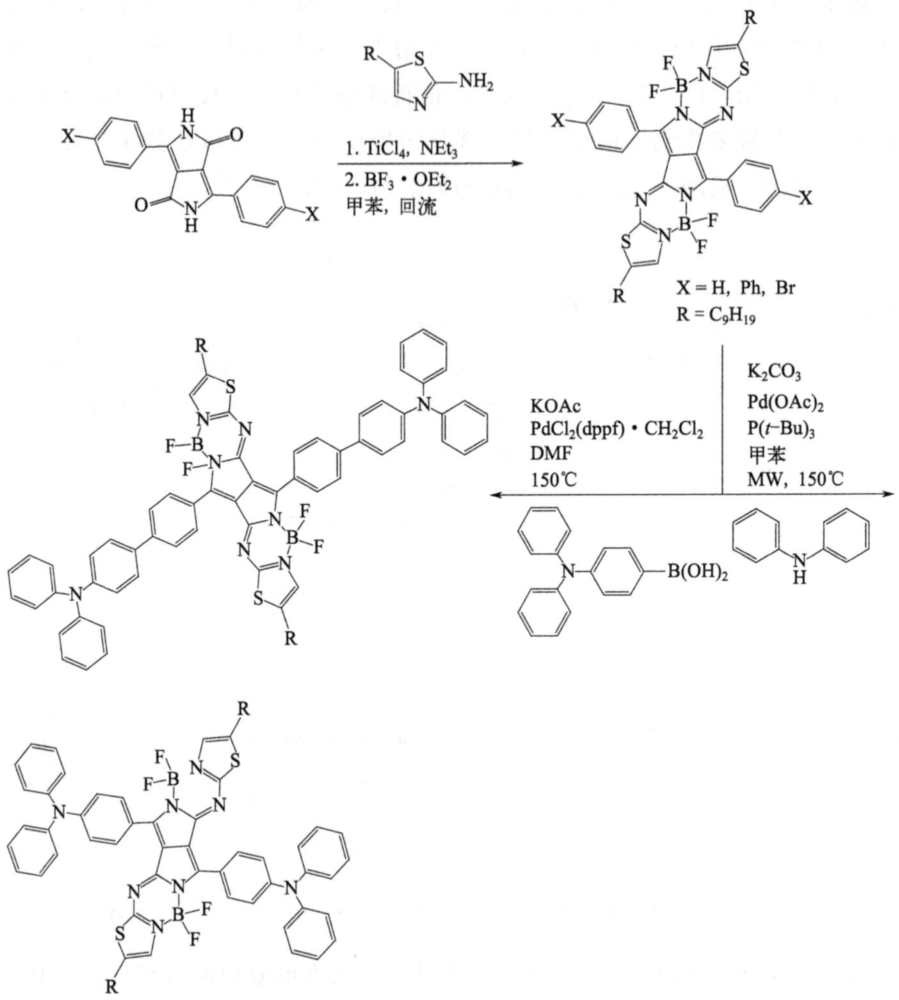

图 1-72 吡咯并吡咯氮杂-氟硼荧（PPAB）基础骨架形成的给体-受体-给体的合成路线

子环化反应，合成了吡咯并吡咯双酮化合物。以吲哚螺环丁烷二酮为反应原料，在波长为 426nm 的可见光照射下，仅加入了反应助剂 9-噻吨酮即可完成转化[图 1-73(b)]。该反应全程温和、绿色环保，并且后处理简单。然而，此反应的产率不高，最高仅为 30%。Kenneth Wärnmark 课题组报道了一种小型刚性 C_3 对称的吡咯并吡咯酮三聚体的合成途径 [图 1-73(c)]。以丙二酮、对甲氧基苯胺和 2-氧代戊烷-1,5-二甲酸二乙酯为起始原料，经过六步反应制得目标产物吡咯并吡咯酮三聚体。通过紫外/可见光光谱、圆二色谱、荧光、质谱等表征手段对目标产物进行了分析，并通过 X 射线单晶衍射实验证明了其结构。该骨架的成功制备为超分子自组装、手性识别、不对称催化和材料表面分析提供了新的物质基础。相关性能和应用目前正在进一步的研究之中。Michael Rubin 组报道了一种以 2-(3-氧喹啉-2-基) 乙腈为原料制备多芳香环吡咯并吡咯酮衍生物[图 1-73 (d)]的方法。该反应无需金属催化剂参与，反应条件简单，只需要碱和溶剂，在 20℃下即可完成转化。产率可达 90%。通过机理研究阐明了底物的各个反应历程[190-194]。

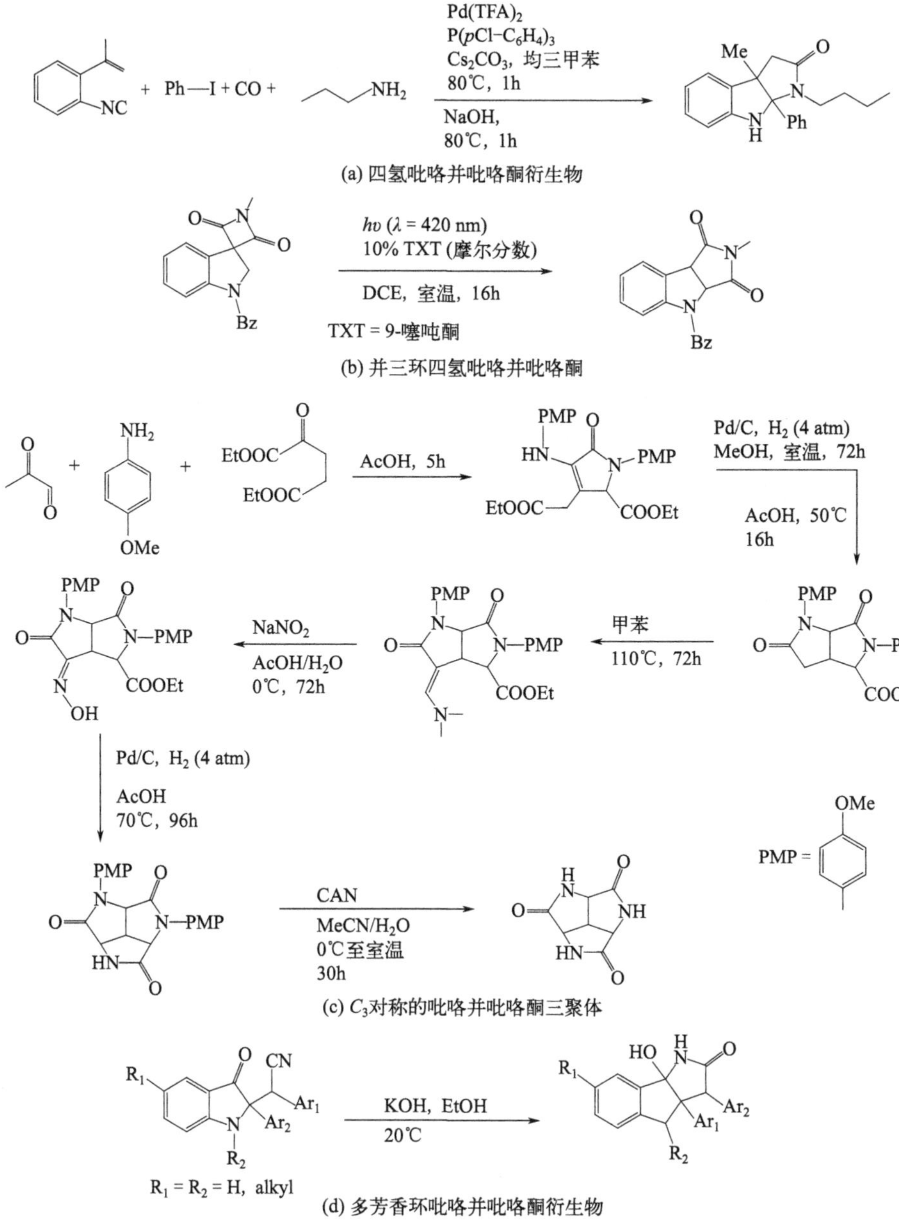

图 1-73 四氢吡咯并吡咯酮衍生物、并三环四氢吡咯并吡咯酮、C_3 对称的吡咯并吡咯酮三聚体与多芳香环吡咯并吡咯酮衍生物

1.2 手性富碳大环的合成研究进展

另一方面，随着有机合成反应的日益蓬勃发展，含手性的大环功能分子也得到了迅速发展。以下是关于手性大环在超分子化学中的发展历程的介绍。

20 世纪 60 年代，Charlcs J. Pedersen 对冠醚的合成及其性能进行了研究[195]，标志着超分子化学这一门学科的诞生。作为一门新兴的学科，超分子化学迅速与材料科学、生物化学以及医药化学等领域相互渗透，共同发展。超分子大环化合物的研究是超分子化学的先导，已被证明在材料学[196-197]、催化剂[198-200]、医药制备[201-205]、荧光探针和分子识别[206-209]、环境监测[210-214]、仿生学[215-218]、信息学[219-223]等领域具有特殊的应用价值。

手性（chirality）具体指的是物质结构互为对映对称，但无法重叠。化学中，存在手性的物质被称为对映异构体。手性现象广泛存在于高分子材料[224-227]、大环化合物[228-229]、天然产物和药物[230-234]、碳水化合物（蛋白质、核酸、脂肪、糖类等）[235-239]、有机小分子[240]、聚合物[241]以及自然界的天然分子[242]等中。

有机小分子或结构相对简单的大环分子，由于其空间立体效应主要来源于原子之间的不同连接，因此可以表现出中心手性分子[243-244]。而螺旋手性则主要存在于大环分子的螺旋骨架中。面手性则存在于二茂铁骨架或部分特殊极性的大环骨架中[245-247]。此外，还包括体手性、多面刚性手性、多面柔性手性等[248-250]。

在联苯，联萘以及联萘酚（BINOL）等骨架分子以及含有不同对称性的大环骨架中普遍存在轴手性。轴手性或由于阻转异构现象而产生空间立体异构体，也称为阻转异构体或位阻光活性异构体。其产生机制主要是异构体本身所围绕单键的旋转受到阻碍[251]，导致互为对映的构象异构体转化能垒升高，难以互变。

此外，德国化学家 Böhmer 在 1994 年通过对环芳烃类大环分子的研究，初步提出了固有手性的概念[252]，即在大环主体三维骨架中引入若干非手性基团，破坏分子的对称性使得大环整体呈现出手性，表现为无对称中心与旋转轴 C_n ($n>1$)。

超分子化学领域中，对于手性大环的研究始于手性冠醚和环芳烃。20 世纪

80 年代，已经陆续报道了一系列手性冠醚和环芳烃[253-254]，此时才开始进行含有特定手性的大环分子的合成研究。随后，关于特殊手性大环及其拓展衍生物的合成和应用得到了快速发展，包括氮杂富碳大环分子和手性富碳大环分子等。

目前，已经报道了一系列新型手性富碳大环，如螺环[255-256]、碳纳米管[257-258]、碳纳米带[259-260]、螺旋环[261-262]、分子结[263-264]、莫比乌斯环[265-266]及其他阻转大环[267-268]。这些大环展现出了独特的拓扑结构、分子空腔、柔顺或刚性等结构特点，使得新型轴手性富碳大环在分子器件和功能材料、医药制备、生物化学研究、药物载体、天然产物全合成、自组装、手性识别、光电材料等领域得到广泛应用[269-281]。相关手性富碳大环的优化合成和深入性能探究已经引起了极大的关注和重视，成为超分子化学领域的研究热点。因此，设计合成新型手性富碳大环分子将有助于推动超分子化学领域的进一步发展。

1.2.1 纳米带与纳米管

碳纳米烯是一种历史悠久的二维富碳材料，其结构呈现蜂窝状六角形，在声、光、电、力以及热学等方面表现出特殊性能。该材料在电子芯片、金属材料、半导体材料、复合功能材料、生物医药材料和储能清洁材料的制备中具有广泛应用。

2014 年，Roman Fasel 课题组报道了一种可控合成手性碳纳米管的方法。这种手性碳纳米管是一种具有各种带隙的单分散的"单手性"结构，可以制备金属到半导体的开关管。2016 年，Roman Fasel 团队又成功合成了一个锯齿形边缘的石墨烯纳米带（ZGNR）。在合成过程中，研究者通过计算机模拟不断优化实验路线，最终制得了具有锯齿形边缘的石墨烯纳米带。该纳米带的一条锯齿边缘表现出铁磁耦合（ferro-magnetic coupling）现象，即其上的电子自旋方向相同，而另一边缘的电子自旋方向相反，具备反铁磁耦合（antiferromagnetic coupling）特性，因此表现出部分手性。这种锯齿形边缘石墨烯纳米带可应用于手性自旋电子器件（spintronic devices）材料的制备。2021 年，Yasutomo Segawa 与 Kenichiro Itami 等人合作报道了一种锯齿形碳纳米带（CNB）的合成方法。通过 X-单晶衍射实验验证了碳纳米带的结构，并与部分手性客体结合形成手性的主客体体系。此外，通过光物理实验证明了锯齿形碳纳米带具有蓝色荧光特性和宽能隙[282-284]。

2017 年，日本名古屋大学的 Kenichiro Itami 团队成功利用有机前体（对二甲苯）进行 Wittig 反应和镍催化的芳基-芳基偶联反应，逐步偶联形成无任何取代基的碳纳米带。通过 X-射线单晶衍射证实了该碳纳米带具有空心圆柱形结构，并能与手性客体结合，表现出整体手性。此外，研究人员还对其光电子学性质进行了理论计算。同年，Hiroyuki Isobe 组报道了两种圆柱形的五边形嵌入环芳烃的碳纳米管基元。这为未来合成五边形共轭弯曲"类手性"体系提供了实验依据。此研究还为探索反常规非六边形阵列的圆柱形石墨碳材料提供了参考[285-286]。

2018 年，Kenichiro Itami 和 Kei Murakami 等人通过 Pd 催化双 C—H 键活化反应的策略，成功地将两分子的单氯代芳香烃二聚环化，得到了三亚苯骨架的多聚环平面化合物。化合物经过进一步脱氢处理，即可得到高达 18 个碳环的石墨烯纳米带。这种石墨烯纳米带可以用于对手性客体（如酸）的识别。同年，Akimitsu Narita 组合成了一种新型可掺入杂原子（B，O）的手性石墨烯纳米带（GNR）。通过扫描隧道显微镜、非接触原子力显微镜和拉曼光谱，结合理论模型验证了 GNR 的结构手性。并且，由于边缘上存在氧-硼-氧（OBO）片段，GNR 可以在显微镜下观察到横向自组装，实现了具有不同模式的纯手性和异手性带间组件的良好对齐[287-288]。

2018 年，杜平武课题组报道了一种新型含六环六苯偶烯（HBC）的三维胶囊状碳纳米笼，作为"帽子"戴在"之"字 [12，0] 碳纳米管（CNT）上。他们探讨了该碳纳米笼的合成、光物理和超分子性质。2019 年，他们又基于碳纳米管结构合成工作，利用蒽作为多环芳烃构筑单元，报道了螺旋手性碳纳米管片段 [4] cyclo-2,6-anthracene（[4] CAn$_{2,6}$）。通过扫描隧道显微镜观察到了分子的本身形貌。随后，利用圆二色性（CD）、圆偏振发光（CPL）和及理论计算，证明了与平面的蒽单体相比，大环本身存在的 π 共轭结构在吸收光谱和发射光谱中呈现出强烈的红移（＞100nm）。这为设计制备高圆偏振光材料提供了巨大潜力。同年，他们还报道了一种扶手椅单壁碳纳米管（SWCNT）π 共轭聚合物段（PS1）的合成。这种长 π 扩展聚合物 PS1 由于其独特的结构和物理性能，在电子和空穴输运器件领域具有极高的应用价值。此外，这项研究还为自下而上合成均匀的碳纳米管提供了新的合成依据[289-291]。

2018 年，Carlos M. Cruz 等人报道了一种形状极其新颖的扭曲的鞍形-螺旋混合的手性波纹纳米石墨烯，该材料在激发和发射光谱中表现出良好的手性响应。因此，它可以用于制备新型手性富碳材料。2019 年，Kenichiro Itami 团队报道了一系列具有独特拓扑结构的纳米碳分子，包括完全融合的圆柱状分子碳纳米带、扶手椅形的碳纳米管、"三孔"拓扑结构的碳纳米笼、两个 CPP 环和一个全苯三叶结组成的全苯链烷烃。进一步的研究证明，这些纳米碳分子可以与手性客体结合，制备出具有手性功能的材料[292-293]。

2019年，缪谦课题组报道了一种新型的扶手碳纳米带和手性碳纳米带。具体为(12,12)碳纳米带和(18,12)碳纳米带，它们的结构皆由一环完全融合的苯环组成。以2,5-二(苄氧基)-1,4-苯醌起始原料，通过Scholl反应对相应的聚芳基碳纳米环进行聚合成环，经过六步反应最终制得目标大环。通过扫描隧道显微镜观察到制得的纳米带纳米颗粒结构分布均匀。因此，每一步的成环都伴随着相应的应变能的小幅增加甚至减少，这可以通过理论计算加以证明[294]。

2020年，Kenichiro Itami教授与Hideto Ito教授合作，采用环状π拓展聚合的方法（APEX）成功合成了拱形结构的石墨烯平面纳米带（GNR）。在钯催化下，将环状芳香烃和邻氯苯胺混合，再与二苯并硅的衍生物发生偶联反应，即可制得目标产物。这也是一种快速制备π拓展杂芳烃的合成路线[295]。通过计算证明，拱形结构相互转化能的能垒较低，因此存在通过溶剂或手性客体调控其分子结构的潜在可能性。这种拱形结构的石墨烯平面纳米带可以应用于手性螺旋热传感器的制备。

2021年，孙哲课题组通过高效的环缩合反应合成了三个具有刚性的手性二聚物CPPs，且产率极高。通过单晶、高效液相色谱和理论计算等手段，证明CPPs二聚体结构处于动态平衡状态，其顺式构象和反式构象可以通过溶剂实现快速相互转化。并进一步通过计算表明分子的反式构象能量更高。而顺式异构体可以用于制备一种手性特殊的氮掺杂纳米管段[296]。

2020年，Colin Nuckolls等人报道了分别由18个和24个稠合苯环以端到端的形式组成的两个聚烯烃螺旋纳米带框架的合成。该分子在可见光谱范围内表现出极强的手性响应性。2021年，吴继善教授报道了利用Suzuki-Miyaura偶联反应首先合成大环中间体，然后再利用Bi(OTf)$_3$介导的乙烯基醚环化反应，最终得到八字构型的扭曲手性碳纳米带（1-H, a）。在后续的圆二色性测试分析中，发现分离后的单一构型异构体存在持久的手性，且具有中等 $|g_{abs}|$ 值[297-298]。

2022年，王肖沐、施毅教授团队报道了一种手性扭曲双层石墨烯（tBLG）材料。值得注意的是，该结构中的莫尔超晶格可以极其明显地改变其组成结构的电子属性，通过理论计算可以证明该结构能够支持新出现的集体电磁振荡。Rahul Banerjee等人报道了一种由四个氨基修饰的三蝶烯与线性二醛之间的席夫碱反应生成的一种共价键合的多孔有机纳米管（CONT）。因为结构中存在着碳、氮和氧之间的强共价键，使得该纳米管有着极高的热稳定性和化学稳定性，可与手性客体稳定结合，用于手性电子设备、能量存储、催化和生物传感器的制备。

Dimas 课题组则报道了一种新型的手性石墨烯纳米带，该结构中的自由基对之间存在着一定的磁相互作用[299-300]。

1.2.2 莫比乌斯大环

莫比乌斯大环是一个经典的拓扑学富碳大环结构。该结构可通过将纸带旋转半圈后，再将纸带的两端黏合在一起得到莫比乌斯环的纸质模具。与普通的大环不同，莫比乌斯环只有一个面，且这一个面并非我们平常所指的平面，而是一个可以无限循环的闭环面。尽管科学家们已经构建了许多富碳大环分子或材料，例如碳纳米管、螺烯等，但莫比乌斯环由于其独特的无线循环闭合面和独特的环张力，依旧是超分子化学中的研究热点。莫比乌斯环纳米带（Möbius carbon nanobelts，MCNB）更是目前已有报道的一种合成莫比乌斯环的方法，具有一定的研究价值。

2003 年，Simon 和 Herges 等人合成了一种可结合芳环结构（p 轨道与环平面正交），以及"带状"芳环结构（p 轨道在环平面内），并拓展 p 轨道稳定性的莫比乌斯化合物。然而，这种芳香莫比乌斯体系并不稳定，容易发生扭曲，从而抑制了参与电子离域和稳定化的 p 轨道与芳香环的重叠。它是一种单扭曲的莫比乌斯环烯[301]。由于其本身具有优良的均匀性、大的长度、高的灵活性和强度，因此可以进行高精度的操作和组装。所以，它可以应用于微光子器件组件制备，例如光通信和光传感，并可用作物理、化学、生物、微电子和材料研究中的微米和纳米尺度的工具。

2014 年，Rainer Herges 团队利用一种基于"扭曲"到"扭动"的拓扑转换策略，设计并合成了具有三重扭曲态的莫比乌斯环烯。该大环的应变程度较低，可通过设计合成前体得到相应的目标大环[302]。

2017 年，Scott Hartley 课题组利用邻亚苯基四聚体与棒状对亚苯基、甲苯和二苯基丁二烯基的巧妙结合，构建了一种简单的芳香族折叠体，通过动态共价组装形成扭曲的莫比乌斯大环 [3+3]（三个邻苯和三个接头）。类似于一个三角形结构，其扭曲的核心可达到 2nm 的内径。可以通过核磁光谱辨别构型异构体[303]。

2018 年，Fabien Durola 课题组分别合成了单扭和三扭莫比乌斯拓扑和莫比乌斯环状三-[5] 螺旋烯。合成这两种莫比乌斯环的方法是利用互补的双功能双马来酸酯的珀金缩合（Perkin condensation），形成含有交替苯和联苯片段的柔性大环。再利用光环化反应最终制得刚性的非对映体三螺旋大环。同年，吴骊珠团队报道了一种由莫比乌斯共轭纳米环组成的可分离链烷。这是一类可用作互锁超分子结构构件的共轭大环,为以后通过非共价相互作用合成稳定的可分离的莫比乌斯构象提供了可能性[304-305]。

在2020年,Jeffrey S. Moore课题组报道了一种基于动态共价化学(DCC)的合成策略,制备Möbius大环分子的方法。该方法以2,13-双(丙炔基)[5]螺烯为合成原料构筑大环,产率高达84%。通过X-单晶衍射和相关的理论计算,研究者阐明了立体化学结构和动力学选择性的中间体和过渡态。此外,他们还通过高效液相色谱法(HPLC)实现了对映体的手性拆分[306]。

2021年,孙哲等人设计合成了以两种"拥挤"的乙烯桥接纳米环二聚体的区域选择性合成的莫比乌斯环对映异构体。这些大环具备折叠和扭曲的几何结构,以及闭壳、双自由基和双阳离子电子结构。这些莫比乌斯环可以用于设计制作具有独特拓扑和功能的纳米多环构型材料[307]。

2022年,日本名古屋大学的Yasutomo Segawa和Kenichiro Itami团队合成了莫比乌斯碳纳米带。他们的合成策略主要涉及Witting反应和Ni催化剂下的分子内偶联反应,经过十四个步骤后得到最终产物。研究发现,莫比乌斯碳纳米带的扭曲部分在分子周围快速移动。此外,合成的MCNB可发出蓝绿色荧光,手性HPLC分离和圆二色(CD)光谱表明其手性源自莫比乌斯拓扑。同年,Kenichiro Itami团队还报道了一种新型的无限螺旋扭曲的8字形[12]环烯拓扑异构体。该无限烯的化学性能稳定,呈黄色固体,发出绿色荧光,并可溶于实验室的大部分有机溶剂。通过X-单晶衍射晶体实验证明其结构为独特8字形分子。因此,该构象稳定,可通过手性高效液相色谱分离得到单一构型的异构体[308-309]。

1.2.3 阻转大环

阻转异构(atropisomerism)是有机立体化学中的一种旋转异构现象,可存在于医药分子、手性天然产物、手性配体以及大环分子中[310]。顾名思义,由于阻转异构现象得到的空间立体异构体被称为阻转异构体,也可以称为位阻光活性异构体。由于阻转异构的特殊性,因此可以通过利用不对称合成,通过手性配体、催化剂等系列手性因素,定向地立体选择性地合成这些含有轴手性的化合物。

2013年,Fabien Durola课题组报道了一种基于分子内Scholl反应,由C_3轴不对称前体制备扭曲多环芳烃-六边形[7]环烯的方法。该方法避免了合成多个

[6]螺旋烯片段，从而大大精简了合成步骤，提高了合成效率[311]。

2015年，唐本忠团队报道了一种基于四苯基乙烯单元的彭罗斯阶梯的虚幻拓扑大环。该大环具备聚集诱导发射特性，扭曲手性和大环键（R或S）的轴向手性，存在两种绝对构型[312]。

2017年，Fabien Durola组报道了一种以4,4'-双（苯乙酸）大量稀释4,4'-双（苯乙醛酸）浓度，再以珀金缩合获得马鞍形和螺旋桨形大环的方法，这是一种联苯的非平面低聚亚芳基大环化合物。同年，该团队再次以珀金缩合策略，通过二甲苯-6,12-二羟基乙酸与二甲苯发生酯化反应得到双马来酸酯，并进一步在甲苯溶液中进行碘催化的氧化光环反应，从而制得柔顺性极好的双[7]螺旋烯[313-314]。

2019年，Marcel Mayor组报道了一种全碳氢[12](1,6)芘化合物全合成的方法。该化合物是一类具备C_2轴的天然产物，可用于分子导线、超导体和新型导电材料的制备。同年，Fabien Durola团队又报道了一种手性8字形环双[n]螺旋烯（$n=3$或5, b）。通过单晶结构分析，证明该螺旋烯是一类D_2对称的稳定囊状或8字形共轭大环。可以通过HPLC对环双[5]螺旋烯的对映异构体进行拆分[315-316]。

2019—2021年，龚汉元团队报道了系列具有特殊极性和稳定构象的阻转异构的富碳大环分子——环[8]间苯大环（CDMB-8）。该系列的分子在高温下可发生构象的不可逆转化，并且在应用方面能够实现对二维码信息的存储和传递。此外，其自组装形成的碘胶囊可以实现对单质碘的捕获[317-318]。

2022年，刘鸣华课题组报道了首个由手性1,1'-bi(2-naphthol-4,5-dicarboximide)（BBI）单元与外消旋体PBI染料组成的手性苝杂环烷体系，并再次实现了溶剂调节主-客体的手性。通过单晶、圆二色谱以及理论计算证明了[BBI-PBI]分子内的手性转移存在着明显的溶剂效应[319]。

2016年，Kenichiro Itami团队报道了一种新型高扭曲π-四重螺旋烯化合物。通过理论计算和推测，该系统存在9个立体异构体，包括4对对映异构体和1对中位异构体。目前，通过X射线单晶衍射已经证明了螺旋桨型异构体（QH-A）和鞍型异构体（QH-B）的结构。2020年，该团队又报道了由轴向手性4,5-二苯基菲结构单元制备的高度扭曲、非平面的芳族大环。目标化合物是由底物4,5-双芳基菲通过四重铃木-宫浦反应合成。产物因其构象旋转受限而导致扭曲，所以存在明显的溶剂化效应。此外，产物的构象稳定，有利于其对映体的拆分和表征[320-321]。

2020年，Ken Tanaka团队报道了一种新型具有轴手性和螺旋手性的高应变环苯-乙炔（CPE）化合物。单和双 CPE 由二或四乙炔基联苯与 U 形前芳族二炔发生 Sonogashira 交叉偶联反应，再经过还原芳构化构建。通过 X 射线单晶衍射证明了产物的化学结构，并利用计算分析了产物的轴向和螺旋手性的稳定性[322]。

2021 年，陈传峰团队报道了两种互为异构体的方形宝塔形[4]芳烃大环分子（P4，i-P4）。室温下，以三氟乙酸（TFA）为催化剂，3,6-二甲氧基蒽和多聚甲醛为原料，通过"一锅法"在二氯甲烷中发生缩合反应合成目标分子。该大环具有固定构象，可以发出强烈的蓝色荧光。基于该大环的系列手性特性，它们在手性发光材料中具有潜在的应用价值[323]。

2021 年，崔勇课题组报道了一种独特的手性螺旋结构。通过晶体结构分析可知，该结构是由具备轴手性二胺功能化的 1,1'-双酚、2-甲酰基吡啶和 Zn(Ⅱ) 三组分组装而成。这种不同的极性基团在有限空间内通过手性微环境相互作用，直接影响了螺旋环的结合亲和力和手性识别性能，表明优越的手性微环境可以提高手性识别的灵敏度[324]。

2022 年，臧双全团队利用含手性的长烷基链联萘衍生物（BDA）进一步合成了四苯乙烯结构的大环（TPEM）。经过一系列的性能测试，证明了该大环分子具有光调控手性及光捕获能量的能力[325]。因此，该大环分子可用于制备手性光响应信息存储材料。

同年，李春举课题组设计并合成了一种基于 2-(二苯亚甲基)丙二腈骨架的对映异构体大环。研究者发现该大环体系具有结构适应性和可转换的发光性能，并基于此特殊性能培养出两种发光晶体（MC），能够发射出黄光和橙光。使用系列刺激和有机物诱导，两种发光晶体可通过结构的变化发生橙色和黄色发光的可逆转换[326]。

1.2.4 烃类大环

2011 年，Kenichiro Itami 团队为了更高效、快速的制备手性单壁碳纳米管（SWNT），设计合成了一种基础的手性碳纳米环-环[13]对亚苯基-2,6-萘（[13]CPPN）。这为合成其他一维基础碳纳米环提供了一定的外消旋能垒和应变能参考，为其他空间三维分子的设计提供了理论和实践价值[327]。

2016 年，吴骊珠课题组报道了一种以蒽作为基础单元发生光二聚-环转化的反应策略，高选择性地合成了低聚对苯撑衍生的纳米环。然而，在反应过程中未检测到非对映异构体的存在。同年，Hiroyuki Isobe 团队合成了联芳键参与的同时具备 R/S 几何形状的环菲亚基的环立体对映异构体，可用于构筑环菲萘纳米环的立体构型[328-329]。

2017 年，Alonso-Gómez 等人报道了一种基于二乙炔螺环为基本骨架的全碳双螺旋大环。它可用于识别较大的空间立体结构和较大手性客体，从而表现出整体的手性。同年，杜平武教授报道了一种一维的大 π 扩展碳纳米环。值得一提的是，该一维环可以与富勒烯 C_{70} 发生选择性配合，从而构筑更高维度的纳米石墨烯[330-331]。

2018 年，陈传峰课题组报道了一种由亚甲基桥连的三个手性 2,6-二羟基三蝶烯亚基组成的新型手性一维大环芳烃。他们总结了三苯并芘衍生物合成三蝶烯大环的合成策略和结构特点，包括合成简捷、性能稳定、易于溶解、构象固定、易于功能化且还可与不同客体分子络合。因此，该大环在主客体化学和分子自组装等领域具有广泛的应用前景和潜在价值[332-333]。

2018 年，吴继善团队合成了两种环五环稠合低聚（间苯）大环化合物 8MC-M 和 10MC-M。这些大环结构具备环内（AWA）超环结构的 π 共轭。它们表现出多自由基特征，因此具有强烈的整体的芳香性[334]。该团队还探究了它们与手性客体的相互作用，发现该类环并苯类大环对手性酸有良好的响应。因此，它们可用于制备手性主客体配合物。

2019 年，Kenichiro Itami 团队报道了一种拓扑分子纳米碳，具体为一种链烷和仅由对位连接的苯环组成的分子三叶结。两个大环-环之间可实现快速的能量转移。该全苯三叶结存在的拓扑手性可通过 HPLC 和圆二色光谱证明[335]。

2022 年，杜平武教授团队报道了一种新型的三维手性分子碳纳米环，该分子同时表现出聚集诱导发射（AIE）和聚集诱导猝灭（ACQ）效应。该碳纳米环以具有 AIE 特性的 1,2,4,5-四苯基苯为反应单元，并通过对亚苯基单元固定成功制备了该手性有机双环分子（SCPP[8]）。在不同比例的四氢呋喃和水混合液中，该分子表现出聚集态发射红色荧光和稀溶液青蓝色荧光。通过调控分子的聚集程度，可以实现青色-白色-红色的多色荧光响应发射。在提纯方面，通过 HPLC 成功分离出（M)/(P)-SCPP[8] 两种手性异构体，并通过变温圆二色谱分析验证了单一手性构型的稳定性。同年，杜平武教授课题组报道了两种新型手性碳纳米大环。他们成功地将非平面的 (S)-2,20-双(甲氧基甲氧基)-1,10-邻苯二酚引入低聚对苯二酚骨架中，制备了手性大环（BBCM，MBCM），并初步探究了它们的光物理性质。通过计算表明，与手性双萘基基础骨架相比较，这些大环的发射峰发生了明显的红移[336-337]。

2021 年，江华组报道了一种具备平面手性的 [2,2]对环苯环的大环。他们主要以伪间位二炔取代的[2,2]PCP为反应原料,将其与刚性的环对苯(CPP)骨架结合,得到了手性碳纳米环PCP-[6~9]CPP。通过X射线单晶衍射分析了其结构,并成功利用HPLC实现了手性拆分,得到了单一的手性异构体纯品[338]。

2022年,丛欢课题组报道了一种由对次苯基类衍生大环模块构筑的索烃分子-全苯索烃分子 mCPP-C。通过核磁、NOESY、质谱以及单晶衍射证明了该大环分子的互锁结构。这一研究为后续的共轭索烃以及其他具有机械互锁的大环分子的合成提供了新的策略[339]。

1.3 小结

本章首先介绍了手性氮杂稠环功能分子,包括了喹喔酮、氮杂芴酮、芳环并吡咯烷酮、吡咯烷酮和双吡咯烷酮及其衍生物的合成和应用。这些氮杂稠环功能分子在生物医药、天然分子、材料应用等领域都展示出了一定的化学性能和物理特性。因此,构筑具有手性中心的对映异构体的氮杂稠环功能小分子骨架对于医药研发和材料制备具有重要意义。

然后,本章介绍了一系列"手性"富碳大环材料,如碳纳米管与纳米带。并且进行了手性富碳大环(如莫比乌斯环、阻转异构大环和烃类富碳大环)的合成以及性能研究。此外,介绍了这些大环的化学性能,以及它们在医药化学、生物医药载体、自组装、荧光探针识别,分子器件等领域的应用。大部分工作都是基于阻转异构的对映异构体的研究,对于非对映阻转异构的富碳大环几乎没有报道。因此,设计合成新型非对映阻转异构的手性富碳大环,并探明其手性异构过程,将是超分子化学研究发展的一个重要方向。

因此,结合上述对氮杂功能稠环分子及其系列手性富碳分子的介绍,希望在后续的研究工作中,设计合成新型的手性氮杂稠环功能分子与手性间苯类大环,并进一步探究这两类手性分子之间能否发生新的主客体相互作用或产生其他新的主客体化学现象,并应用于制备新的主客体功能材料。

参考文献

[1] Kolb H, VanNieuwenzhe M, Sharpless K. Catalytic asymmetric dihydroxylation [J]. Chem Rev, 1994, 94: 2483-2547.

[2] Miyashita A, Yasuda A, Noyori R, et al. Synthesis of 2,2′-bis (diphenylphosphino)-1,1′-binaphthyl (BINAP), an atropisomeric chiral bis (triaryl) phosphine, and its use in the rhodium (Ⅰ)-catalyzed asymmetric hydrogenation of alpha. -(acylamino) acrylic acids [J]. J Am Chem Soc, 1980, 102: 7932-7934.

[3] Knowles W, Sabacky M. Catalytic asymmetric hydrogenation employing a soluble, optically active, rhodium complex [J]. Chem Common, 1968, 1445-1446.

[4] Čorić I, List B. Asymmetric spiroacetalization catalysed by confined Brønsted acids [J]. Nature, 2012, 483: 315-319.

[5] Jang H, Hong J, Macmillan D. Enantioselective organocatalytic singly occupied molecular orbital activation: The enantioselective α-enolation of aldehydes [J]. J Am Chem Soc, 2007, 129: 7004-7005.

[6] Uraguchi D, Sorimachi K, Terada M. Organocatalytic asymmetric aza-Friedel-Crafts alkylation of furan [J]. J Am Chem Soc, 2004, 126: 11804-11805.

[7] Prøvost S, Duprø N, List B, et al. Catalytic asymmetric torgov cyclization: A concise total synthesis of (+)-estrone** dedicated to the MPI Für Kohlenforschung on the occasion of its centenary [J]. Angew Chem Int Ed, 2014, 53: 8770-8773.

[8] Dong Y, Zhao H, Li Y, et al. Multimode anticounterfeiting labels based on a flexible and water-resistant $NaGdF_4$: Yb^{3+}, Er^{3+}@carbon dots chiral fluorescent cellulose film [J]. ACS Appl Mater Interfaces, 2022, 14: 40313-40321.

[9] Georgieva Z, Zhang Z, Waldeck D, et al. Ligand coverage and exciton delocalization control chiral imprinting in perovskite nanoplatelets [J]. J Phys Chem C, 2022, 126: 15986-15995.

[10] Ochocki J, Khare S, Simon M, et al. Arginase 2 suppresses renal carcinoma progression via biosynthetic cofactor pyridoxal phosphate depletion and increased polyamine toxicity [J]. Cell Metab, 2018, 27: 1263-1280.

[11] Yan Y, Yang J, Huang S. Non-enzymatic pyridine ring formation in the biosynthesis of the rubrolone tropolone alkaloids [J]. Nat Com, 2016, 7: 13083-13092.

[12] Matsuda K, Arima K, Wakimoto T, et al. A natural dihydropyridazinone scaffold generated from a unique substrate for a hydrazine-forming enzyme [J]. J Am Chem Soc, 2022, 144: 12954-12960.

[13] Pradhan S, Patel S, Chatterjee I. Nitrosoarene-catalyzed regioselective aromatic C-H sulfinylation with thiols under aerobic conditions [J]. Chem Com, 2020, 56: 5054-5057.

[14] Janssen D, Singha S, Glorius F, et al. NHC-organocatalyzed C_{Ar}—O bond cleavage: Mild access to 2-hydroxybenzophenones [J]. Angew Chem Int Ed, 2017, 56: 6276-6279.

[15] Lewis J, Bergman R, Ellman J. Direct functionalization of nitrogen heterocycles via rh-catalyzed C—H bond activation [J]. Acc Chem Res, 2008, 41: 1013-1025.

[16] Hesp K, Xiao J, West G. Late-stage synthesis and application of photoreactive probes derived from direct benzoylation of heteroaromatic C—H bonds [J]. Org Bio Chem, 2020, 18: 3669-3673.

[17] Engl P, Häring A, Ritter T, et al. C-N cross-couplings for site-selective late-stage diversification via aryl sulfonium salts [J]. J Am Chem Soc, 2019, 141: 13346-13351.

[18] Urich R, Wishart G, Brenk R, et al. De novo design of protein kinase inhibitors by in silico identifi-

cation of hinge region-binding fragments [J]. ACS Chem Bio, 2013, 8: 1044-1052.

[19] Li W, Hendriks K, Janssen R, et al. Diketopyrrolopyrrole polymers for organic solar cells [J]. Acc Chem Res, 2015, 49: 78-85.

[20] Mishra A, Bäuerle P. Small molecule organic semiconductors on the move: Promises for future solar energy technology [J]. Angew Chem Int Ed, 2012, 51: 2020-2067.

[21] Mishra A, Bäuerle P. Niedermolekulare organische halbleiter auf dem vormarsch-ausblick auf künftige solartechniken [J]. Angew Chem Int Ed, 2012, 124: 2060-2109.

[22] Zampetti A, Minotto A, Cacialli, F. Near-infrared (NIR) organic light-emitting diodes (OLEDs): Challenges and opportunities [J]. Adv Func Mater, 2019, 29: 1807623-1807645.

[23] Yun H-J, Kwon S-K, Xu Y, et al. Dramatic inversion of charge polarity in diketopyrrolopyrrole-based organic field-effect transistors via a simple nitrile group substitution [J]. Adv Mater, 2014, 26: 7300-7307.

[24] Kang I, Kim Y-H, Yun H-J, et al. Record high hole mobility in polymer semiconductors via side-chain engineering [J]. J Am Chem Soc, 2013, 135: 14896-14899.

[25] He Z, Cao Y, Xiao B, et al. Single-junction polymer solar cells with high efficiency and photovoltage [J]. Nat Photo, 2015, 9: 174-179.

[26] Liu T, Sun Y, Huo L, et al. Ternary organic solar cells based on two highly efficient polymer donors with enhanced power conversion efficiency [J]. Adv Energy Mater, 2015, 6: 1502109-1502115.

[27] Sun Y, Wang W-Y, Zhu C, et al. AIE-active Pt(II) complexes based on a three-ligand molecular framework for high performance solution-processed OLEDs [J]. Chem Engin J, 2022, 449: 137457-137472.

[28] Wang J, Zhou H, Zhu X, et al. AIE-based theranostic agent: In situ tracking mitophagy prior to late apoptosis to guide the photodynamic therapy [J]. ACS Appl Mater Interfaces, 2019, 12: 1988-1996.

[29] Jiang T, Hua J, Qu Y, et al. Tetraphenylethene end-capped [1, 2, 5] thiadiazolo [3,4-c] pyridine with aggregation-induced emission and large two-photon absorption cross-sections [J]. RSC Adv, 2015, 5: 1500-1506.

[30] Balandier J-Y, Sallé M, Chas M, et al. N-aryl pyrrolo-tetrathiafulvalene based ligands: Synthesis and metal coordination [J]. J Org Chem, 2010, 75: 1589-1599.

[31] Szemenyei B, Huszthy P, Malmost M, et al. When crown ethers finally click: Novel, click-assembled, fluorescent enantiopure pyridino-crown ether-based chemosensors-and an N-2-aryl-1,2,3-triazole containing one [J]. New J Chem, 2021, 45: 22639-226349.

[32] Ferreira R C M, Raposo M M M, Costa S P G. Novel alanines bearing a heteroaromatic side chain: Synthesis and studies on fluorescent chemosensing of metal cations with biological relevance [J]. Amino Acids 2018, 50: 671-684.

[33] Lautrette G, Pentelute B L, Touti F, et al. Nitrogen arylation for macrocyclization of unprotected peptides [J]. J Am Chem Soc, 2016, 138: 8340-8343.

[34] Aggarwal R, Chandra R, Hooda M, et al. Visible-light-prompted synthesis and binding studies of

5,6-dihydroimidazo [2,1-b] thiazoles with BSA and DNA using biophysical and computational methods [J]. J Org Chem, 2022, 87: 3952-3966.

[35] Hassan A A, Tawfeek H N, Brse S, et al. Chemistry of substituted thiazinanes and their derivatives [J]. Molecules, 2022, 25: 5610-5663.

[36] Qiao D, Deng Q, Wang S. Selective optosensing of aminoimidazo-azaarenes (AIAs) by CdSe/ZnS quantum dots-embedded molecularly imprinted silica gel [J]. Current Analy Chem, 2021, 17: 1027-1036.

[37] Huang S, Yan H, Wen H, et al. Organocatalytic enantioselective construction of chiral azepine skeleton bearing multiple-stereogenic elements [J]. Angew Chem Int Ed, 2021, 133: 21656-21663.

[38] Chen S-S, Zhao Y, Han S-S, et al. A series of metal-organic frameworks: Syntheses, structures and luminescent detection, gas adsorption, magnetic properties [J]. Cryst Growth Des, 2021, 21: 869-885.

[39] Lundstedt S, Haglund P, Öberg L. Degradation and formation of polycyclic aromatic compounds during bioslurry treatment of an aged gasworks soil [J]. Environ Toxicol Chem, 2003, 22: 1413-1420.

[40] Zheng S Y, Yang J, Zhou J, et al. Water-triggered spontaneously solidified adhesive: From instant and strong underwater adhesion to in situ signal transmission [J]. Adv Func Mater, 2022, 2205597-2205606.

[41] Liang L, Guo L-D, Tong R. Achmatowicz rearrangement-inspired development of green chemistry, organic methodology, and total synthesis of natural products [J]. Acc Chem Res, 2022, 55: 2326-2340.

[42] Alcaide B, Torres M R, Almendros P, et al. Gold-catalyzed reactivity reversal of indolizidinone-tethered β-amino allenes controlled by the stereochemistry [J]. ACS Catal, 2015, 5: 4842-4845.

[43] Bradsher C, Westerman I. A new route to benzoquinolizine and benzoquinolizinium derivatives [J]. J Org Chem, 1978, 43: 3536-3539.

[44] Slater M J, Parry N R, Amphlett E M, et al. Pyrrolidine-5,5-*trans*-lactams. 4. Incorporation of a P3/P4 urea leads to potent intracellular inhibitors of hepatitis Cvirus NS3/4A protease [J]. Org Lett, 2003, 5: 4627-4630.

[45] Kuduk S D, Ray W J, Chang R K, et al. Discovery of a selective allosteric M_1 receptor modulator with suitable development properties based on a quinolizidinone carboxylic acid scaffold [J]. J Med Chem, 2011, 54: 4773-4780.

[46] Felts A S, Emmitte K A, Rodriguez A L, et al. Design of 4-oxo-1-aryl-1,4-dihydroquinoline-3-carboxamides as selective negative allosteric modulators of metabotropic glutamate receptor subtype 2 [J]. J Med Chem, 2015, 58: 9027-9040.

[47] Boekelheide V, Lodge J P. An study of some quinolizone derivatives [J]. J Am Chem Soc, 1951, 73: 3681-3684.

[48] Thyagarajan B S, Gopalakrishnan P A. Studies on quinolizones-IV fromylation of 4*H*-quinolizin-4-one and some selective cationoid displacements [J]. Tetrahedron, 1967, 23: 3851-3858.

[49] Thyagarajan B S, Gopalakrishnan P A. Studies on quinolizones-II bromination and acetyation of 4*H*-

quinolizin-4-one [J]. Tetrahedron, 1965, 21: 945-953.

[50] Douglass J E, David A. Hunt synthesis of quinolizinones by the condensation of ylidenemalonodinitriles with quinoline 1-oxide [J]. J Org Chem, 1977, 42: 3974-3976.

[51] Mariano P S. Stilbenelike photocyclizations of 1-phenylvinyl-2-pyridones preparation of 4H-benzo[a] quinolizin-4-ones1 [J]. J Org Chem, 1977, 42: 1122-1125.

[52] Kato T, Sasaki T. Studeis on ketene and its derivatives IC. reaction of diketene with isoquinoline [J]. Yakugaku Aasshi, 1980, 100: 571-573.

[53] Yamanaka H, Matsuda H. Studies on quinoline and isoquinionline derivatives. Ⅵ. Addition reaction of diketene with isoquinionline in the presence of carboxylic acids [J]. Chem. Pharm Bull, 1981, 29: 1049-1055.

[54] Heyes M P, Lackner A. Increased cerebrospinal fluid quinolinic acid, kynurenic acid, and L-kynurenine in acute septicemia [J]. J Neurochem, 1990, 55: 338-341.

[55] Birchler A G, Liu F, Liebeskind L. Synthesis of-pyridone-based azaheteroaromatics by intramolecular vinylketene cyclizationsonto the C=N bond of nitrogen heteroaromatics [J]. J Org Chem, 1994, 59: 7737-7745.

[56] Yamamoto M, Burton D J, Swenson D C. The cycloaddition of [2]-1,1,2,5,5,5-hexafluoro-3-trifluoromethyl-1,3-pentadiene with pyridine derivatives [J]. J Fluo Chem, 1995, 72: 49-54.

[57] Dai W, Petersen J L. Synthesis of indeno-fused derivatives of quinolizinium salts, imidazo [1,2-a] pyridine, pyrido [1,2-a] indole, and 4H-quinolizin-4-one via benzannulated enyne-allenes [J]. J Org Chem, 2005, 70: 6647-6652.

[58] Song G, Li X, Chen D, et al. Rh-catalyzed oxidative coupling between primary and secondary benzamides and alkynes: Synthesis of polycyclic amides [J]. J Org Chem, 2010, 75: 7487-7490.

[59] Su Y, Zhao M, Li X, et al. Synthesis of 2-pyridones and iminoesters via Rh(Ⅲ)-catalyzed oxidative coupling between acrylamides and alkynes [J]. Org Lett, 2010, 12: 5462-5465.

[60] Mohamed M, Harrowven D C, Whitby R J, et al. New insights into cyclobutenone rearrangements: A total synthesis of the natural ROS-generating anti-cancer agent cribrostatin [J]. Chem Eur J, 2011, 17: 13698-13705.

[61] Harrowven D C, Sneddon H F, Mohamed M, et al. An efficient flow-photochemical synthesis of 5H-furanones leads to an understanding of torquoselectivity in cyclobutenone rearrangements [J]. Angew Chem Int Ed, 2012, 51: 4405-4408.

[62] Packard E, Harrowven D C, Pascoe D D, et al. Organoytterbium ate complexes extend the value of cyclobutenediones as isoprene equivalents [J]. Angew Chem Int Ed, 2013, 52: 13076-13079.

[63] Muir C W, Watson A J B, Kennedy A R, et al. Synthesis of functionalised 4H-quinolizin-4-ones via tandem horner-wadsworth-emmons olefination/cyclisation [J]. Org Biomol Chem, 2013, 11: 3337-3340.

[64] He H, Jiang H, Qi C, et al. Base-promoted annulation of α-hydroxy ketones and dimethyl but-2-ynedioate: Straightforward access to pyrano [4,3-a] quinolizine-1,4,6 (2H)-triones and 2H-pyran-2,5 (6H)-diones [J]. Org Biomol Chem, 2014, 12: 8128-8131.

[65] Alanine T A, Spring D R. Concise synthesis of substituted quinolizin-4-ones by ring-closing metathesis [J]. Eur. J Org Chem, 2014, 26: 5767-5776.

[66] Stasyuk A J, Gryko D T, Smoleń S, et al. Synthesis of fluorescent naphthoquinolizines via intramolecular houben-hoesch reaction [J]. Chem Asian J, 2015, 10: 553-558.

[67] Kim J H, Glorius F, Gensch T, et al. Rh[III]-katalysierte C—H-aktivierung mit pyridotriazolen: Direkter zugang zu fluorophoren zur metallerkennung [J]. Angew Chem Int Ed, 2015, 127: 11126-11130.

[68] Yu H, Zhang G, Huang, H. Palladium-catalyzed dearomative cyclocarbonylation by C—N bond activation [J]. Angew Chem Int Ed, 2015, 127: 11062-11066.

[69] Yamamoto Y, Kurohara T, Shibuya M. CF_3-substituted semisquarate: A pluripotent building block for the divergent synthesis of trifluoromethylated functional molecules [J]. Chem Com, 2015, 51: 16357-16360.

[70] Zhao D, Glorius F, Kim J H, et al. Cobalt (III)-catalyzed directed C—H coupling with diazo compounds: Straightforward access towards extended π-systems [J]. Angew Chem Int Ed, 2015, 54: 4508-4511.

[71] Shaikh A C, Patil N T, Ranade D, et al. Oxidative intramolecular 1,2-amino-oxygenation of alkynes under Au^I/Au^{III} catalysis: Discovery of a pyridinium-oxazole dyad as an ionic fluorophore [J]. Angew Chem Int Ed, 2016, 129: 775-779.

[72] Baek Y, Lee P H, Kim S, et al. Cobalt-catalyzed carbonylative cyclization of pyridinyl diazoacetates for the synthesis of pyridoisoquinolinones [J]. Org Lett, 2015, 18: 104-107.

[73] Shinde P S, Shaikh A C, Patil N T. Efficient access to alkynylated quinalizinones via the gold (I)-catalyzed aminoalkynylation of alkynes [J]. Chem Com, 2016, 52: 8152-8155.

[74] Upadhyay N S, Cheng C-H, Thorat V H, et al. Synthesis of isoquinolones via Rh-catalyzed C—H activation of substituted benzamides using air as the sole oxidant in water [J]. Green Chem, 2017, 19: 3219-3224.

[75] Wu J-Q, Wang H, Zhang S S, et al. Experimental and theoretical studies on rhodium-catalyzed coupling of benzamides with 2,2-difluorovinyl tosylate: Diverse synthesis of fluorinated heterocycles [J]. J Am Chem Soc, 2017, 139: 3537-3545.

[76] Bai D, Li X, Wang X, et al. Redox-divergent synthesis of fluoroalkylated pyridines and 2-pyridones through Cu-catalyzed N—O cleavage of oxime acetates [J]. Angew Chem Int Ed, 2018, 130: 6743-6747.

[77] Wang F, Li X, Qi Z, et al. Rhodium (III)-catalyzed atroposelective synthesis of biaryls by C—H activation and intermolecular coupling with sterically hindered alkynes [J]. Angew Chem Int Ed, 2020, 132: 13390-13396.

[78] Dong C-C, Gong H-Y, Xiang J-F, et al. From CO_2 to 4H-quinolizin-4-ones: A one-pot multicomponent approach via Ag_2O/Cs_2CO_3 orthogonal tandem catalysis [J]. J Org Chem, 2018, 83: 9561-9567.

[79] Fang J-W, Gong H-Y, Liao F-J, et al. One-pot synthesis of 3-substituted 4H-quinolizin-4-ones via alkyne substrate control strategy [J]. J Org Chem, 2020, 86: 3648-3655.

[80] Ghosh K, Nishii Y, Miura M. Rhodium-catalyzed annulative coupling using vinylene carbonate as an oxidizing acetylene surrogate [J]. ACS Catal, 2019, 9: 11455-11460.

[81] Baek Y, Lee P H, Kim J, et al. Selective C-C bond formation from rhodium-catalyzed C-H activation reaction of 2-arylpyridines with 3-aryl-2H-azirines [J]. Chem Sci, 2019, 10: 2678-2686.

[82] Craven E J, Micklefield J, Latham J, et al. Programmable late-stage C—H bond functionalization enabled by integration of enzymes with chemocatalysis [J]. Nat Catal, 2021, 4: 385-394.

[83] Shen Y-B, Yuan W-C, Zhao J-Q, et al. DBU-catalyzed dearomative annulation of 2-pyridylacetates with α,β-Unsaturated pyrazolamides for the synthesis of multisubstituted 2,3-dihydro-4H-quinolizin-4-ones [J]. Org Chem Front, 2022, 9: 88-94.

[84] Micetich R C, Forghanifar S, Daneshtalab M. Studies on reactive intermediates part synthesis of benzoalquinoliaines via methylketneolmer [J]. Heterocycles, 1988: 16-18.

[85] Wiles J A, Bradbury B J, Hashimoto A, et al. Isothiazolopyridones: Synthesis, structure, and biological activity of a new class of antibacterial agents [J]. J Med Chem, 2006, 49: 39-42.

[86] Xu Y S, Zhong R G, Zeng C C, et al. Design, synthesis and anti-HIV integrase evaluation of 4-oxo-4H-quinolizine-3-carboxylic acid derivatives [J]. Molecules, 2009, 14: 868-883.

[87] Kuduk S D, Bilodeau M T, Chang R K, et al. Quinolizidinone carboxylic acids as CNS penetrant, selective M1 allosteric muscarinic receptor modulators [J]. ACS Med Chem Lett, 2010, 1: 263-267.

[88] Kuduk S D, Bilodeau M T, Chang R K, et al. Quinolizidinone carboxylic acid selective M1 allosteric modulators: SAR in the piperidine series [J]. Bioorg Med Chem Lett, 2011, 21: 1710-1715.

[89] Woll M G, Risher N, Qi H, et al. Discovery and optimization of small molecule splicing modifiers of survival motor neuron 2 as a treatment for spinal muscular atrophy [J]. J Med Chem, 2016, 59: 6070-6085.

[90] Shukla M R, Samant C, Patra Sukanya, et al. Discovery of a potent and selective PI3Kδ inhibitor (S)-2,4-diamino-6-((1-(7-fluoro-1-(4-fluorophenyl)-4-oxo-3-phenyl-4H-quinolizin-2-yl)ethyl)amino) pyrimidine-5-carbonitrile with improved pharmacokinetic profile and superior efficacy in hematological cancer models [J]. J Med Chem, 2020, 63: 14700-14723.

[91] Xin L, Huang X. Construction of protoberberine alkaloid core through palladium carbene bridging C-H bond functionalization and pyridine dearomatization [J]. ACS Catal, 2021, 11: 1570-1577.

[92] Hu Y, Ma Y, Nan J, et al. Zinc-catalyzed C-H alkenylation of quinoline N-oxides with ynones: A new strategy towards quinoline-enol scaffolds [J]. Chem Com, 2021, 57: 4930-4933.

[93] Kloc K, Szulc Z. Synthesis of azaf luorenones [J]. Journal F Prakt Chem Band, 1977, 319: 959-967.

[94] Kloc K, Szulc Z. Reactions at the nitrogen atoms in azafluorene systems [J]. Can J Chem, 1979, 57: 1506-1510.

[95] Thummel R P, Mahadevan R, Lefoulon F, et al. Polyaza cavity-shaped molecules annelated derivatives of 2-(2′-pyridyl)-1,8-naphthyridine and 2,2′-bi-1,8-naphthyridine [J]. J Org Chem, 1984, 49: 2208-2212.

[96] Thummel R P, Jahng Y. Polyaza cavity shaped molecules. 4. annelated derivatives of 2,2′: 6′,2″-ter-

pyridine [J]. J Org Chem, 1985, 50: 2407-2412.

[97] Stolle W A W, van der Plas H C, Marcells A, et al. Intramolecular Diels-Alder reactions of pyrimidines: Synthesis of tricyclic annelated pyridines [J]. Tetrahedron, 1989, 45: 6511-6518.

[98] Kneeland D M, Anslyn E V, Ariga K, et al. Bis (alkylguanidinium) receptors for phosphodiesters: Effect of counterions, solvent mixtures, and cavity flexibility on complexation [J]. J Am Chem Soc, 1993, 115: 10042-10055.

[99] Boger D L, Takahashi K. Total synthesis of granditropone, grandirubrine, imerubrine, and isoimerubrine [J]. J Am Chem Soc, 1995, 17: 12452-12459.

[100] Rebstock A S, Quéguiner G, Mongin F, et al. Synthesis and metallation of 2-(pyridyl) benzoic acids and ethyl 2-(pyridyl) benzoates: A new route to azafluorenones [J]. Tetrahedron, 2003, 59: 4973-4977.

[101] Lyle M P A, Narine A A, Wilson P D. A new class of chiral P,N-ligands and their application in palladium-catalyzed asymmetric allylic substitution reactions [J]. J Org Chem, 2004, 69: 5060-5064.

[102] Shi Z, Glorius F. Synthesis of fluorenones via quaternary ammonium salt-promoted intramolecular dehydrogenative arylation of aldehydes [J]. Chem Sci, 2013, 4: 829-833.

[103] Penning M, Christoffers J. Synthesis of regioisomeric pyrido [C] azocanones from azaindanone derivatives. Eur J Org Chem, 2014, 2140-2149.

[104] Satpathi B, Ramasastry S S V. Morita-baylis-hillman reaction of β,β-disubstituted enones: An enantioselective organocatalytic approach for the synthesis of cyclopenta [B] annulated arenes and heteroarenes [J]. Angew Chem Int Ed, 2015, 128: 1809-1813.

[105] Satpathi B, Wagulde S V, Ramasastry S S V. An enantioselective organocatalytic intramolecular Morita-Baylis-Hillman (IMBH) reaction of dienones, and elaboration of the IMBH adducts to fluorenones [J]. Chem Com, 2017, 53: 8042-8045.

[106] Neves P, Rodríguez-Borges J E, Nogueira L S, et al. Performance of chiral tetracarbonylmolybdenum pyrindanyl amine complexes in catalytic olefin epoxidation [J]. J Org Chem, 2018, 858: 29-36.

[107] Thompson S K, Hoye T R. The aza-hexadehydro-Diels-Alder reaction [J]. J Am Chem Soc, 2019, 141: 19575-19580.

[108] Satpathi B, Dutta L, Ramasastry S S V. Metal-and hydride-free pentannulative reductive aldol reaction [J]. Org Lett, 2018, 21: 170-174.

[109] Yang Y, Zhou B, Zhang R, et al. Discovery of highly potent, selective, and orally efficacious P300/CBP histone acetyltransferases inhibitors [J]. J Med Chem, 2020, 63: 1337-1360.

[110] Pham T T, Sperry J. Chen X, et al. Haber-independent, diversity-oriented synthesis of nitrogen compounds from biorenewable chitin [J]. Green Chem, 2020, 22: 1978-1984.

[111] Jones M, Schotes C, Harris D, et al. Development of a practical process for the large-scale preparation of the chiral pyridyl-backbone for the crabtree/pfaltz-type iridium complex used in the industrial production of the novel fungicide inpyrfluxam [J]. Org Process Res Dev, 2022, 26: 2407-2414.

[112] Feng L, Wang Y, Yu S, et al. Synthesis and biological evaluation of spirocyclic chromane derivatives as a potential treatment of prostate cancer [J]. Molecules, 2021, 26: 3162-3182.

[113] Madhav R, Southwick P L. Preparation of 1,2-dihydro-3-oxo-3H-pyrrolo [3,4-b] quinoline derivatives from 2,3-dioxopyrrolidines [J]. J Hetero Chem, 1972, 9: 443-444.

[114] Billups W E, Cross J H, Blakeney A J. Isolation of a cyclopropene from dehydrochlorination of a gem-dichlorocyclopropane [J]. J Org Chem, 1975, 40: 1848-1849.

[115] Snyder C A, Southwick P L, Thorn M A, et al. Preparation of compounds in the new dipyrrolo [3,4-b: 3′,4′-e]-pyridine series from 1-benzylidene-2,3-dioxopyrrolidines. A variation of the hantzsch synthesis [J]. J Hetero Chem, 1982, 19: 603-607.

[116] Schlecker W, Mulzer J, Huth A, et al. Regioselective metalation of pyridinylcarbamates and pyridinecarboxamides with (2,2,6,6-tetramethylpiperidino) magnesium chloride [J]. J Org Chem, 1995, 60: 8414-8416.

[117] Sugimoto H, Yamatsu K, Tsuchiya Y, et al. Synthesis and structure-activity relationships of acetylcholinesterase inhibitors: 1-benzyl-4-(2-phthalimidoethyl) piperidine, and related derivatives [J]. J Med Chem, 1992, 35: 4542-4548.

[118] Ghosh C K, Bhattacharya K, Ghosh C. Benzopyrans-XXXIII. [4+2] cycloaddition of N,N-dimethylhydrazones and anils of 2-unsubstituted and 2-methyl-4-oxo-4H-1-benzopyran-3-carboxaldehyde with N-phenylmaleimide [J]. Tetrahedron, 1994, 50: 4905-4912.

[119] Souza M V N, Dodd R H. Ortho-directed lithiation studies of 4-chloropicolinanilide: Introduction of functional groups at C-3 and their elaboration to chain extended derivatives via carbon-carbon bond formation [J]. Heterocycles, 1998, 47: 811-827.

[120] Clayden J, Hamilton S D, Mohammed R T. Cyclization of lithiated pyridine and quinoline carboxamides: Synthesis of partially saturated pyrrolopyridines and spirocyclic β-lactams [J]. Org Lett, 2005, 7: 3673-3676.

[121] Deguest G, Marsais F, Devineau A, et al. One-pot synthesis of 2,3-dihydro-pyrrolopyridinones using in situ generated formimines [J]. Org Lett, 2006, 8: 5889-5892.

[122] Sondhi S M, Rani R. A convenient, solvent free and high yielding synthesis of bicyclo-heterocyclic compounds [J]. Lett Org Chem, 2008, 5: 51-54.

[123] Nagarapu L, Manikonda S R, Gaikwad H K, et al. Chemoenzymatic synthesis with lipase catalyzed resolution and evaluation of antitumor activity of (R/S)-2-[2-hydroxy-3-(4-phenylpiperazin-1-yl) propyl]-1H-pyrrolo [3,4-b] quinolin-3 (2H)-one [J]. Eur J Med Chem, 2011, 46: 2152-2156.

[124] Toussaint M, Melnyk P, Mousset D, et al. Sigma-1 ligands: Tic-hydantoin as a key pharmacophore [J]. Eur J Med Chem, 2010, 45: 256-263.

[125] Zhang Q, Xia C, Chen C, et al. A complexation promoted organic N-hydroxy catalytic system for selective oxidation of toluene [J]. Adv Synth Catal, 2011, 353: 226-230.

[126] Nagarapua L, Kalivendi S V, Gaikwad H K, et al. Synthesis of novel building blocks of 1H-pyrrolo [3,4-b] quinolin-3 (2H)-one and evaluation of their antitumor activity [J]. Med Chem Res, 2012, 22: 165-174.

[127] Wu X, Langer P, Oschatz S, et al. Palladium-catalyzed carbonylative synthesis of phthalimides from 1,2-dibromoarenes with molybdenum hexacarbonyl as carbon monoxide source [J]. Adv Synth Catal, 2013, 355: 3581-3585.

[128] Cai S, Xi C, Chen C, et al. Rh(III)-catalyzed cascade oxidative olefination/cyclization of picolinamides and alkenes via C-H activation [J]. Org Lett, 2014, 16: 3142-3145.

[129] Tourteau A, Desbène-Finck S, Merlet E, et al. Easy access to 1H-pyrrolo [3′,4′:5,6] pyrido [2,3-d] pyrimidine-2,4,6,8(3H,7H)-tetraone and selectively N^7-substituted analogues through key synthons [J]. Eur J Org Chem, 2015, 7028-7035.

[130] Fuse S, Takahashi R, Takahashi T. Facile, one-step synthesis of 5-substituted thieno [3,4-c] pyrrole-4,6-dione by palladium-catalyzed carbonylative amidation [J]. Eur J Org Chem, 2015, 3430-3434.

[131] Shiri M, Notash B, Ranjbar M, et al. Palladium-catalyzed tandem reaction of 2-chloroquinoline-3-carbaldehydes and isocyanides [J]. Org Biomol Chem, 2017, 15: 10073-10081.

[132] Zhang X, Zhang W, Dhawan G, et al. One-pot and catalyst-free synthesis of pyrroloquinolinediones and quinolinedicarboxylates [J]. Green Chem, 2017, 19: 3851-3855.

[133] Li C, Qin H-L. Rh-catalyzed annulative insertion of terminal olefin onto pyridines via a C-H activation strategy using ethenesulfonyl fluoride as ethylene provider [J]. Org Lett, 2019, 21: 4495-4499.

[134] Shi Y, Yin Q, Tan X, et al. Direct synthesis of chiral NH lactams via Ru-catalyzed asymmetric reductive amination/cyclization cascade of keto acids/esters [J]. Org Lett, 2020, 22: 2707-2713.

[135] Du F, Wei Y, Li S, et al. Iron-catalyzed radical relay enabling the modular synthesis of fused pyridines from alkyne-tethered oximes and alkenes [J]. Angew Chem Int Ed, 2020, 59: 23755-23762.

[136] Tanbakouchian Z, Shiri M, Zolfigol M A, et al. Synthesis of four series of quinoline-based heterocycles by reacting 2-chloroquinoline-3-carbonitriles with various types of isocyanides [J]. Appl Organometal Chem, 2019, 33: 5024-5033.

[137] Banik T, Kaliappan K P. A serendipitous one-pot cyanation/hydrolysis/enamide formation: Direct access to 3-methyleneisoindolin-1-ones [J]. Chem Eur J, 2020, 27: 628-633.

[138] Zhu Y-M, Ji S-J, Fang Y, et al. Divergent reaction of isocyanides with O-bromobenzaldehydes: Synthesis of ketenimines and lactams with isoindolinone cores [J]. Org Lett, 2021, 23: 7342-7347.

[139] Aknin K, Desbène-Finck S, Bontemps A, et al. Polycyclic nitrogen heterocycles as potential thymidine phosphorylase inhibitors: Synthesis, biological evaluation, and molecular docking study [J]. J Enzy Inhibition Med Chem, 2021, 37: 252-268.

[140] Roeber H, Hartke K. Zur reaktion von 1,2-diketonen mit malononitril unter piperidin-katalyse [J]. Chem Ber, 1975, 108: 3247-3255.

[141] Hoffmann H M R, Wolff S. Preparation of 5-bromotetronates [4-alkoxy-5-bromo-2 (5H)-furanones] and a new concept for the synthesis of aflatoxins and related structure types. Tributyltin hydride versus palladium-promoted intramolecular hydroarylation [J]. Tetrahedron, 1989, 45: 6113-6126.

[142] Allcock S J, King F D. Diels-Alder cycloaddition reactions of αβ-unsaturated aldeiiyde acylhydrazonrs [J]. Tetrahedron, 1991, 32: 125-128.

[143] Macdonald S J F, Belton D J, Risley C, et al. Syntheses of trans-5-oxo-hexahydro-pyrrolo [3,2-b] pyrroles and trans-5-oxo-hexahydro-furo [3,2-b] pyrroles (pyrrolidine trans-lactams and trans-lactones): New pharmacophores for elastase inhibition [J]. J Med Chem, 1998, 41: 3919-3922.

[144] Macdonald S J F, Walls S B, Clarke G D E, et al. A flexible, practical, and stereoselective synthesis of enantiomerically pure trans-5-oxohexahydropyrrolo [3,2-b] pyrroles (pyrrolidine-trans-lactams), a new class of serine protease inhibitors, using acyliminium methodology [J]. J Org Chem, 1999, 64: 5166-5175.

[145] Borthwick A D, Pennell A, Crame A, et al. An improved synthesis of the strained pyrrolidine-5,5-translactam ring system [J]. Tetrahedron, 1999, 40: 3061-3062.

[146] Borthwick A D, Weingarten G G. Stereoselective synthesis of α-methyl and β-methyl pyrrolidine 5,5-trans-lactam (5-oxo-hexahydro-pyrrolo [3,2-b] pyrrole) and stereoselective alkylation of the strained pyrrolidine 5,5-trans-lactam ring system [J]. Synlett, 2000, 4: 504-508.

[147] Borthwick A D, Weingarten G G, Angier S J, et al. Design and synthesis of pyrrolidine-5,5-trans-lactams (5-oxo-hexahydro-pyrrolo [3, 2-b] pyrroles) as novel mechanism-based inhibitors of human cytomegalovirus protease. 1. The α-methyl-trans-lactam template [J]. J Med Chem, 2000, 43: 4452-4464.

[148] Borthwick A D, Weingarten G G, Crame A, et al. Design and synthesis of pyrrolidine-5,5-trans-lactams (5-oxohexahydropyrrolo [3,2-b] pyrroles) as novel mechanism-based inhibitors of human cytomegalovirus protease. 2. Potency and chirality [J]. J Med Chem, 2001, 45: 1-18.

[149] Borthwick A D, Richards J J, Davies D E, et al. Stereoselective synthesis of gem-dimethyl-5,5-pyrrolidine-trans-lactam (5-oxo-hexahydropyrrolo [3, 2-b] pyrrole) [J]. Tetrahedron, 2001, 42: 6933-6935.

[150] Andrews D M, Slater M J, Carey S J, et al. Pyrrolidine-5,5-trans-lactams. 1. Synthesis and incorporation into inhibitors of hepatitis C virus NS3/4A protease [J]. Org Lett, 2022, 4: 4475-4478.

[151] Alcaide B, Aly M F, Almendros P, et al. Rapid and stereocontrolled synthesis of racemic and optically pure highly functionalized pyrrolizidine systems via rearrangement of 1, 3-dipolar cycloadducts derived from 2-azetidinone-tethered azomethine ylides [J]. J Org Chem, 2001, 66: 1351-1358.

[152] Santra S, Andreana P R. A bioinspired Ugi/Michael/aza-Michael cascade reaction in aqueous media: Natural-product-like molecular diversity [J]. Angew Chem Int Ed, 2011, 50: 9418-9422.

[153] Modha S G, van der Eycken E V, Kumar A, et al. A diversity-oriented approach to spiroindolines: Post-Ugi gold-catalyzed diastereoselective domino cyclization [J]. Angew Chem Int Ed, 2012, 51: 9572-9575.

[154] Xu Z, Hulme C, de Moliner F, et al. Ugi/aldol sequence: Expeditious entry to several families of densely substituted nitrogen heterocycles [J]. Angew Chem Int Ed, 2012, 51: 8037-8040.

[155] Schröder F, van der Eycken E V, Ojeda M, et al. Supported gold nanoparticles as efficient and reusable heterogeneous catalyst for cycloisomerization reactions [J]. Green Chem, 2015, 17: 3314-

3318.

[156] He Y, Eycken, E V V, Li Z, et al. Gold-catalyzed diastereoselective domino dearomatization/ipso-cyclization/aza-Michael sequence: A facile access to diverse fused azaspiro tetracyclic scaffolds [J]. Chem Com, 2017, 53: 6413-6416.

[157] Zaman M, Peshkov V A, Hasan M, et al. Silver (Ⅰ) triflate-catalyzed protocol for the post-Ugi synthesis of spiroindolines [J]. Adv Synth Catal, 2019, 362: 261-268.

[158] Al-Jalal N, Ibrahim Y, Ibrahim M R, et al. Photochemistry of benzotriazoles: Generation of 1,3-diradicals and intermolecular cycloaddition as a new route toward indoles and dihydropyrrolo [3,4-*b*] indoles [J]. Molecules, 2014, 19: 20695-20708.

[159] Acharya A, Anumandla D, Jeffrey C S. Dearomative indole cycloaddition reactions of aza-oxyallyl cationic intermediates: Modular access to pyrroloindolines [J]. J Am Chem Soc, 2015, 137: 14858-14860.

[160] Kumar N N B, Kuznetsov D M, Kutateladze A G. Intramolecular cycloadditions of photogenerated azaxylylenes with oxadiazoles provide direct access to versatile polyheterocyclic ketopiperazines containing a spiro-oxirane moiety [J]. Org Lett, 2015, 17: 438-441.

[161] Alcaide B, Ruiz M P, Almendros P, et al. Allene-based gold-catalyzed stereodivergent synthesis of azapolycyclic derivatives of unusual structure [J]. Adv Synth Catal, 2016, 358: 1469-1477.

[162] Ji Y, Li W, Wang Q, et al. Asymmetric diketopyrrolopyrrole conjugated polymers for field-effect transistors and polymer solar cells processed from a nonchlorinated solvent [J]. Adv Mater, 2015, 28: 943-950.

[163] Back J Y, Kim, Y-H, Yu H, et al. Investigation of structure-property relationships in diketopyrrolopyrrole-based polymer semiconductors via side-chain engineering [J]. Chem Mater, 2015, 27: 1732-1739.

[164] Choi H, Heeger A J, Ko S J, et al. Small-bandgap polymer solar cells with unprecedented short-circuit current density and high fill factor [J]. Adv Mater, 2015, 27: 3318-3324.

[165] Yi Z, Wang S, Liu Y. Design of high-mobility diketopyrrolopyrrole-based π-conjugated copolymers for organic thin-film transistors [J]. Adv Mater, 2015, 27: 3589-3606.

[166] Sun B, Li Y, Hong, W, et al. Record high electron mobility of 6.3cm^{2}V^{-1}s^{-1} achieved for polymer semiconductors using a new building block [J]. Adv Mater, 2014, 26: 2636-2642.

[167] Hendriks K H, Janssen R A J, Li W, et al. Small-bandgap semiconducting polymers with high near-infrared photoresponse [J]. J Am Chem Soc, 2014, 136: 12130-12136.

[168] Zhou E, Tajima K, Cong J, et al. Introduction of a conjugated side chain as an effective approach to improving donor-acceptor photovoltaic polymers [J]. Energy Environ Sci, 2012, 5: 9756-9759.

[169] Ha J S, Kim K H, Choi D H. 2,5-bis (2-octyldodecyl) pyrrolo [3,4-*c*] pyrrole-1,4-($2H$,$5H$)-dione-based donor-acceptor alternating copolymer bearing 5,5'-di(thiophen-2-yl)-2,2'-biselenophene exhibiting 1.5cm^2·V^{-1}·s^{-1} hole mobility in thin-film transistors [J]. J Am Chem Soc, 2011, 133: 10364-10367.

[170] Xiao M, Yan C G. Molecular diversity of three-component reaction of $β$-enamino imide, malononitrile

and cyclic α-diketones [J]. Chin J Chem, 2017, 35: 1422-1430.

[171] Tang A, Zhou E, Zhan C, et al. Design of diketopyrrolopyrrole (DPP)-based small molecules for organic-solar-cell applications [J]. Adv Mater, 2016, 29: 1600013-160005.

[172] Günes S, Neugebauer H, Sariciftci N S. Conjugated polymer-based organic solar cells [J]. Chem Rev, 2007, 107: 1324-1338.

[173] Arias A C, Salleo A, MacKenzie J D, et al. Materials and applications for large area electronics: Solution-based approaches [J]. Chem Rev, 2010, 110: 3-24.

[174] Lipomi D J, Bao Z. Stretchable, elastic materials and devices for solar energy conversio [J]. Energy Environ Sci, 2011, 4: 3314-3328.

[175] Nian L, Ma Y, Zhang W, et al. Photoconductive cathode interlayer for highly efficient inverted polymer solar cells [J]. J Am Chem Soc, 2015, 37: 6995-6998.

[176] Cui C, Li Y, Guo X, et al. High-performance organic solar cells based on a small molecule with alkylthio-thienyl-conjugated side chains without extra treatments [J]. Adv Mater, 2015, 27: 7469-7475.

[177] Benten H, Ito S, Nishida T, et al. High-performance ternary blend all-polymer solar cells with complementary absorption bands from visible to near-infrared wavelengths [J]. Energy Environ Sci, 2016, 9: 135-140.

[178] Saito Y, Inokuma Y, Higuchi M, et al. Bioinspired synthesis of pentalene-based chromophores from an oligoketone chain [J]. Chem Com, 2018, 54: 6788-6791.

[179] Inaba Y, Inokuma Y, Yoneda T, et al. Splitting and reorientation of π-conjugation by an unprecedented photo-rearrangement reaction [J]. Chem Com, 2020, 56: 348-351.

[180] Li H, Bao M, Zhang S, et al. Rhodium (Ⅲ)-catalyzed oxidative [3+2] annulation of 2-acetyl-1-arylhydrazines with maleimides: Synthesis of pyrrolo [3,4-b] indole-1,3-diones [J]. Org Lett, 2019, 21: 8563-8567.

[181] Fu Z, Zhu J, Lin A. Palladium-catalyzed allylic alkylation dearomatization of β-naphthols and indoles with gem-difluorinated cyclopropanes [J]. Chem Com, 2021, 57: 1262-1265.

[182] Huang X-L, You S-L, Cheng Y-Z, et al. Photoredox-catalyzed intermolecular hydroalkylative dearomatization of electron-deficient indole derivatives [J]. Org Lett, 2020, 22: 9699-9705.

[183] Kage Y, Shimizu S, Kang S, et al. An electron-accepting aza-BODIPY-based donor-acceptor-donor architecture for bright NIR emission [J]. Chem Eur J, 2021, 27: 5259-5267.

[184] Feng R, Shimizu S, Sato N, et al. Near-infrared absorbing pyrrolopyrrole aza-BODIPY-based donor-acceptor polymers with reasonable photoresponse [J]. J Mater Chem C, 2020, 8: 8770-8776.

[185] Li L, Cao D, Wang L, et al. A facile synthesis of novel near-infrared pyrrolopyrrole aza-BODIPY luminogens with aggregation-enhanced emission characteristics [J]. Chem Com, 2017, 53: 8352-8355.

[186] Zhou Y, Ng D K P, Chao M, et al. Pyrrolopyrrole aza boron dipyrromethene based two-photon fluorescent probes for subcellular imaging [J]. J Mater Chem B, 2018, 6: 5570-5581.

[187] Liu T-L, Hockemeyer D, Srigokul U, et al. Observing the cell in its native state: Imaging subcellular

dynamics in multicellular organisms [J]. Science, 2018, 360: 1392-1405.

[188] Lu H, Shen Z, Mack J, et al. Structural modification strategies for the rational design of red/NIR region BODIPYs [J]. Chem Soc Rev, 2014, 43: 4778-4823.

[189] Loudet A, Burgess K. BODIPY dyes and their derivatives: Syntheses and spectroscopic properties [J]. Chem Rev, 2007, 107: 4891-4932.

[190] Cheng S, Zhu Q, Luo Y, et al. Palladium-catalyzed four-component cascade imidoyl-carbamoylation of unactivated alkenes [J]. ACS Catal, 2021, 12: 837-845.

[191] Xiong Y, Bach T, Grokopf J, et al. Visible light-mediated dearomative hydrogen atom abstraction/cyclization cascade of indoles [J]. Angew Chem Int Ed, 2022, 61: e202200555 (1 of 8).

[192] Li Y, Wärnmark K, Grimme S, et al. The long-awaited synthesis and self-assembly of a small rigid C_3-symmetric trilactam [J]. Chem Com, 2022, 58: 3751-3754.

[193] Aksenov A V, Rubin M, Aleksandrova E V, et al. Synthetic studies toward 1,2,3,3a,4,8b-hexahydropyrrolo [3,2-b] indole core. Unusual fragmentation with 1,2-aryl shift [J]. J Org Chem, 2022, 87: 1434-1444.

[194] Li Y, Zhang J, Zhao X. Importance of additive effects on the reactivity of Ag catalyzed domino cyclization: A computational chemistry survey [J]. Molecular Catal, 2022, 524: 112287-1122915.

[195] Pedersen C J. Cyclic polyethers and their complexes with metal salts [J]. J Am Chem Soc, 1967, 89: 2495-2496.

[196] Dale E J, VermeuleN N A, Wasielewski M R, Stoddart J F. Supramolecular explorations: Exhibiting the extent of extended cationic cyclophanes [J]. Acc Chem Res, 2016, 49: 262-273.

[197] Atwood J, Gokel G W, Barbour L. Comprehensive supramolecular chemistry II [M]. Amsterdam: Elsevier, 2017.

[198] Hong T, Stang P, Zhang Z, et al. Chiral metallacycles as catalysts for asymmetric conjugate addition of styrylboronic acids to α,β-enones [J]. J Am Chem Soc, 2020, 142: 10244-10249.

[199] Guo J, Su Y, Fan Y, et al. Visible-light photocatalysis of asymmetric [2+2] cycloadditionin cage-confined nanospace merging chiralitywith triplet-state photosensitization [J]. Angew Chem Int Ed, 2020, 59: 8661-8669.

[200] Ma H-C, Dong Y-B, Chen G-J, et al. Homochiral covalent organic framework for catalytic asymmetric synthesis of a drug intermediate [J]. J Am Chem Soc, 2020, 142: 12574-12578.

[201] Riduan S N, Zhang Y. Imidazolium salts and their polymeric materials for biological applications. [J]. Chem Soc Rev, 2013, 42: 9055-9070.

[202] Du Z, Qu X, Liu C, et al. Neutrophil-membrane-directed bioorthogonal synthesis of inflammation-targeting chiral drugs [J]. Chem, 2020, 6: 2060-2072.

[203] Guan Y, Qu X, Du Z, et al. Stereochemistry and amyloid inhibition: Asymmetric triplex metallohelices enantioselectively bind to Aβ peptide [J]. Sci Adv, 2018, 4: 6718-6727.

[204] Li M, Qu X, Howson S E, et al. Chiral metallohelical complexes enantioselectively target amyloid β for treating Alzheimer's disease [J]. J Am Chem Soc, 2014, 136: 11655-11663.

[205] SańchezJ, Martí-Gastaldo C, Argente-Garcia A, et al. Peptide metal-organic frameworks for enan-

tioselective separation of chiral drugs [J]. J Am Chem Soc, 2017, 139: 4294-4297.

[206] Yu G, Jie K, Huang F. Supramolecular amphiphiles based on host-guest molecular recognition motifs [J]. Chem Rev, 2015, 115: 7240-7303.

[207] Hu Y, Yoon J, Long S, et al. Revisiting imidazolium receptors for the recognition of anions: Highlighted research during 2010-2019 [J]. Chem Soc Rev, 2021, 50: 589-618.

[208] Rambo B M, Sessler J L, Gong H Y, et al. The "texas-sized" molecular box: A versatile building block for the construction of anion-directed mechanically interlocked structures [J]. Acc Chem Res, 2014, 45: 1390-1401.

[209] Yoon J, Kim K S, Singh N J, et al. Imidazolium receptors for the recognition of anions [J]. Chem Soc Rev, 2006, 35: 355-360.

[210] Zhang Y, Liu Y, Liu X, et al. A flexible acetylcholinesterase-modified graphene for chiral pesticide sensor [J]. J Am Chem Soc, 2019, 141: 14643-14649.

[211] Ma J, Li D, Fang C, et al. Chiral 2D perovskites with a high degree of circularly polarized photoluminescence [J]. ACS Nano, 2019, 13: 3659-3665.

[212] Kaur N, Gauri. Anthraquinone appended chemosensors for fluorescence monitoring of anions and/or metal ions [J]. Inorg Chimica Acta, 2022, 536: 120917-120942.

[213] Trigona C, Baglio S, Algozino A, et al. Design and characterization of piezomumps microsensors with applications to environmental monitoring of aromatic compounds via selective supramolecular receptors [J]. Procedia Engin, 2014, 87: 1190-1193.

[214] Gouda A A, Subaihi A, Hay S S A E. Green supramolecular solvent-based liquid-phase microextraction method for spectrophotometric determination of aluminum in food, water, hair and urine samples [J]. Current Analy Chem, 2020, 16: 641-651.

[215] Xie J, Li J, Yu P, et al. Recent advances of self-healing polymer materials via supramolecular forces for biomedical applications [J]. Biomacromolecules, 2022, 23: 641-660.

[216] Luo D, Wang C, Zhang X, et al. Two-dimensional supramolecular spring: Coordination driven reversible extension and contraction of bridged half rings [J]. Chem Com, 2014, 50: 9369-9371.

[217] Bensaude-Vincent B, Sanchez C, Arribart H, et al. Chemists and the school of nature [J]. New J Chem, 2002, 26: 1-5.

[218] Rodríguez-Arco L, Battaglia G, Poma A, et al. Molecular bionics-engineering biomaterials at the molecular level using biological principles [J]. Biomaterials, 2019, 192: 26-50.

[219] Qu D-H, Tian H, Wang Q-C, et al. Photoresponsive host-guest functional systems [J]. Chem Rev, 2015, 115: 7543-7588.

[220] Zhao Z, Tang B Z, Chen C, et al. Highly efficient photothermal nanoagent achieved by harvesting energy via excited-state intramolecular motion within nanoparticles [J]. Nat Com, 2019, 10: 768-778.

[221] Gelebart A H, Broer D J, Mulder D J, et al. Making waves in a photoactive polymer film [J]. Nature, 2017, 546: 632-636.

[222] Chen P-Z, Yang Q-Z, Zhang H, et al. A solid-state fluorescent material based on carbazole-containing

difluoroboron β-diketonate: Multiple chromisms, the self-assembly behavior, and optical waveguides [J]. Adv Funct Mater, 2017, 27: 1700332.

[223] Chang J, Fan Z, Sheng L, et al. Molecular diffusion-driven motion in 2D graphene film [J]. Adv Funct Mater, 2018, 28: 1707053.

[224] Yong X, Wu Y, Hu Q, et al. Polylactide-based chiral porous monolithic materials prepared using the high internal phase emulsion template method for enantioselective release [J]. ACS Biomater Sci Eng, 2019, 5: 5072-5081.

[225] Stetsovych O, Jelínek P, Mutombo P, et al. Large converse piezoelectric effect measured on a single molecule on a metallic surface [J]. J Am Chem Soc, 2018, 140: 940-946.

[226] Raza S, Yong X Y, Deng J P. Optically active biobased hollow polymer particles: Preparation chiralization, and adsorption toward chiral amines [J]. Ind Eng Chem Res, 2019, 58: 4090-4098.

[227] Yu H L, Deng J P. Alkynylated cellulose nanocrystals simultaneously serving as chiral source and stabilizing agent for constructing optically active helical polymer particles [J]. Macromolecules, 2016, 49: 7728-7736.

[228] Ahmed W, Karabaliev M, Gao C-Y. Taking chiral polymers toward immune regulation [J]. J Polym Sci, 2022, 60: 2213-2224.

[229] Zhang H, Shen W, Yu P, et al. Preparation of chiral polymer/cholesteric liquid crystals composite films with broadband reflective capability for smart windows and thermal management of buildings [J]. Optical Mater, 2021, 121: 111611-111617.

[230] Qiu X, Chen J, Ke J, et al. β-cyclodextrin-ionic liquid functionalized chiral composite membrane for enantioseparation of drugs and molecular simulation. [J]. J Memb Sci, 2022, 660: 120870-120879.

[231] Duan Y, Cao L, Wang J, et al. A fluorescent, chirality-responsive, and water-soluble cage as a multifunctional molecular container for drug delivery [J]. Org Bio Chem, 2022, 20: 3998-4005.

[232] Teng Y, Xiao D L, Gu C, et al. Advances and applications of chiral resolution inpharmaceutical field [J]. Chirality, 2022, 34: 1094-1119.

[233] Sun D, Chen Y, Tao X, et al. Asymmetric synthesis of aryl/vinyl alkyl carbinol esters via Ni-catalyzed reductive arylation/vinylation of 1-chloro-1-alkanol esters [J]. Chem Sci, 2022, 13: 8365-8370.

[234] Wang X, Feng C, Wu B, et al. Chiral graphene-based supramolecular hydrogels toward tumor therapy [J]. Poly Chem, 2022, 13: 1685-1694.

[235] Yan H, Cacioppo M, Megahed S, et al. Influence of the chirality of carbon nanodots on their interaction with proteins and cells [J]. Nat Com, 2021, 12: 7208-7221.

[236] Li Y, Liu Y, Dong J, et al. Artificial biomolecular channels: Enantioselective transmembrane transport of amino acids mediated by homochiral zirconium metal-organic cages [J]. J Am Chem Soc, 2021, 143: 20939-20951.

[237] Dios S M R, Berkowitz D B, Tiwari V K, et al. Biomacromolecule-assisted screening for reaction discovery and catalyst optimization [J]. Chem Rev, 2022, 122: 13800-13880.

[238] Rokon M, Igarashi Y, Fukaya K, et al. Marinoquinolones and marinobactoic acid: Antimicrobial

and cytotoxic ortho-dialkylbenzene-class metabolites produced by a marine obligate gammaproteobacterium of the genus marinobacterium [J]. J Nat Prod, 2022, 85: 1763-1770.

[239] Singh S K, Tiwari V K, Mishra N, et al. Growing impact of carbohydrate-based organocatalysts [J]. Chemistry Select, 2022, 7: e202201314 (1 of 68).

[240] Lee K-T, Ko D-H, Kim B, et al. Enantiomer-selective molecular sensing in the nonlinear optical regime via upconverting chiral metamaterials [J]. Adv Funct Mater, 2022: 2208641-2208649.

[241] Zheng L, Rosta E, Souzini S, et al. Turning cucurbit [8] Uril into as upramolecular nanoreactor for asymmetric catalysis [J]. Angew Chem Int Ed, 2015, 54: 3007-13011.

[242] Yuan J N, Lu Q H, Lu X, et al. Molecular chirality and morphological structural chirality of exogenous chirality-induced liquid crystalline block copolymers [J]. Macromolecules, 2022, 55: 1566-1575.

[243] Deng R, Gu Z, Xi J, et al. Enantioselective carbon-carbon bond cleavage for biaryl atropisomers synthesis [J]. Chem, 2019, 5: 1834-1846.

[244] Lu R H, Liu G S, Yang T L, et al. Enantioselective copper-catalyzed radical cyanation of propargylic C-H bonds: Easy access to chiral allenyl nitriles [J]. J Am Chem Soc, 2021, 143: 14451-14457.

[245] Shang W, Liu M H, Zhu X, et al. Self-assembly of macrocyclic triangles into helicity-opposite nanotwists by competitive planar over point chirality [J]. Angew Chem Int Ed, 2022, 61: e202210604.

[246] Cheng Z, Jones M R, Xing Y, et al. Assembly of planar chiral superlattices from achiral building blocks [J]. Nat Com, 2022, 13: 4207-4217.

[247] Shi T, Li X, Deng Z, et al. Planar chiral metasurfaces with maximal and tunable chiroptical response driven by bound states in the continuum [J]. Nat Com, 2022, 13: 4111-4118.

[248] Wu G, Li G, Liu Y, et al. Enantioselective assembly of multi-layer 3D chirality [J]. National Sci Rev, 2019, 7: 588-599.

[249] Mullins S-M, López-Lozano X, Weissker H-C et al. Chiral symmetry breaking yields the I-Au_{60} perfect golden shell of singular rigidity [J]. Nat Com, 2018, 9: 3352-3360.

[250] Zhao J J, Hao A Y, Xing P Y. Folded propeller chiral structures exclusively adaptive to chloroform [J]. ACS Nano, 2022, 16: 4551-4559.

[251] Reisberg S, Baran P, Yang G, et al. Total synthesis reveals atypical atropisomerism in a small-molecule natural product, tryptorubin A [J]. Science, 2020, 367: 458-463.

[252] Böhmer V, Kraft D, Tabatabai M. Inherently chiral calixarenes [J]. J of Inclusion Phenom. Mol. Recognit in Chem, 1994, 19: 17-39.

[253] Helgeson R C, Timko J M, Cram D J. Structural requirements for cyclic ethers to complex and lipophilize metal cations or alpha.-amino acids [J]. J Am Chem Soc, 1973, 95: 3023-3025.

[254] Peacock S S, Cram D J, Walba D M, et al. Host-guest complexation. 22. Reciprocal chiral recognition between amino acids and dilocular systems [J]. J Am Chem Soc, 1980, 102: 2043-2052.

[255] Kwofie S, Wilson M, Hanson G, et al. Molecular modelling and atomistic insights into the binding mechanism of mmpL3 Mtb [J]. Chem Biodiversity, 2022, 19: e202200160.

[256] Bhaskararao B, Kozlowski M C, Rotella M E, et al. Ir and NHC dual chiral synergetic catalysis:

Mechanism and stereoselectivity in γ-butyrolactone formation [J]. J Am Chem Soc, 2022, 144: 16171-16183.

[257] Wei X, Yang C, Chem Q, et al. Improved muscle regeneration into a joint prosthesis with mechano-growth factor loaded within mesoporous silica combined with carbon nanotubes on a porous titanium alloy [J]. ACS Nano, 2022, 16: 14344-14361.

[258] Hu T, Wang C, Qian G, et al. Mechanical behavior and micro-mechanism of carbon nanotube networks under friction [J]. Carbon, 2022, 200: 108-115.

[259] Savin A, Kivshar Y. Modeling of second sound in carbon nanostructures [J]. Physical Rev B, 2022, 105: 205414-205426.

[260] Song D-P, Watkins J J, Li W-H, et al. Millisecond photothermal carbonization for in-situ fabrication of mesoporous graphitic carbon nanocomposite electrode films [J]. Carbon, 2021, 174, 439-444.

[261] Li Y J, Pi L, Zhang K, et al. Helically intersected conductive network design for wearable electronic devices: From theory to application [J]. ACS Appl Mater Interfaces, 2021, 13: 11480-11488.

[262] Cai W, Deemyad S, Lin W, et al. Pressure-induced superconductivity in the wide-band-gap semiconductor $Cu_2Br_2Se_6$ with a robust framework [J]. Chem Mater, 2020, 32: 6237-6246.

[263] Leigh D A, Woltering S L, Danon J J, et al. A molecular endless (74) knot [J]. Nat Chem, 2021, 13: 117-122.

[264] Zhang Z-H, Zhang L, Andreassen B J, et al. Molecular weaving [J]. Nat Mater, 2022, 21: 275-283.

[265] Xu X-B, Zou C-L, Shi L, et al. "Möbius" microring resonator [J]. Appl Phys Lett, 2019, 114: 101106-101111.

[266] Qiu Z, Zhu J, Chen D, et al. Isolation of a carbon nanohoop with Möbius topology [J]. Sci China Chem, 2021, 64: 1004-1008.

[267] Belviso S, Superchi S, Santoro E, et al. Stereochemical stability and absolute configuration of atropisomeric alkylthioporphyrazines by dynamic NMR and HPLC studies and computational analysis of HPLC-ECD recorded spectra [J]. Eur J Org Chem, 2018: 4029-4037.

[268] Procopio E Q, Pò R, Benincori T, et al. A family of solution-processable macrocyclic and open-chain oligothiophenes with atropoisomeric scaffolds: Structural and electronic features for potential energy applications [J]. New J Chem, 2017, 41: 10009-10019.

[269] Wang Y, Stoddart J F, Wu H, et al. Color-tunable supramolecular luminescent materials [J]. Adv Mater, 2022, 34: 2105405-2105426.

[270] Roy I, Stoddart J F, David A H G, et al. Fluorescent cyclophanes and their applications [J]. Chem Soc Rev, 2022, 51: 5557-5605.

[271] Lipke M C, Stoddart J F, Cheng T, et al. Size-matched radical multivalency [J]. J Am Chem Soc, 2017, 139: 3986-3998.

[272] Liu Z, Nalluri S K M, Stoddart J F. Surveying macrocyclic chemistry: From flexible crown ethers to rigid cyclophanes [J]. Chem Soc Rev, 2017, 46: 2459-2478.

[273] Coti K K, Stoddart J F, Belowich M E, et al. Mechanised nanoparticles for drug delivery [J].

Nanoscale, 2009, 1: 16-39.

[274] Liu Z, Zheng W, Hu Y, et al. Untying the bundles of solution-synthesized graphene nanoribbons for highly capacitive micro-supercapacitors [J]. Adv Funct Mater, 2022, 32: 2109543-21009551.

[275] Yao Y, Samorì P, Qu Q, et al. Supramolecular engineering of charge transfer in wide bandgap organic semiconductors with enhanced visible-to-NIR photoresponse [J]. Nat Com, 2021, 12: 3667-3675.

[276] Liu Z, Zyska B, Qiu H, et al. Photomodulation of charge transport in all-semiconducting 2D-1D van der waals heterostructures with suppressed persistent photoconductivity effect [J]. Adv Mater, 2020, 32: 2001268-2001274.

[277] Mohankumar M, Geerts Y, Chattopadhyay B, et al. Oxacycle-fused [1] benzothieno [3,2-b] [1] benzothiophene derivatives: Synthesis, electronic structure, electrochemical properties, ionisation potential, and crystal structure [J]. ChemPlusChem, 2019, 84: 1263-1269.

[278] Bertolazzi S, Samorì P, Gobbi M, et al. Molecular chemistry approaches for tuning the properties of two-dimensional transition metal dichalcogenides [J]. Chem Soc Rev, 2018, 47: 6845-6888.

[279] Sieredzinska B, Feringa B L, Zhang Q, et al. Photo-crosslinking polymers by dynamic covalent disulfide bonds [J]. Chem Com, 2021, 57: 9838-9841.

[280] Larionov V A, Feringa B L, Belokon Y, N. Enantioselective "organocatalysis in disguise" by the ligand sphere of chiral metal-templated complexes [J]. Chem Soc Rev, 2021, 50: 9715-9740.

[281] Stoddart J F. Mechanically interlocked molecules (MIMs)-molecular shuttles, switches, and machines (nobel lecture) [J]. Angew Chem Int Ed, 2017, 56: 11094-11125.

[282] Sanchez-Valencia J R, Fasel R, Dienel T, et al. Controlled synthesis of single-chirality carbon nanotubes [J]. Nature, 2014, 512: 61-64.

[283] Ruffieux P, Fasel R, Wang S, et al. On-surface synthesis of graphene nanoribbons with zigzag edge topology [J]. Nature, 2016, 531: 489-492.

[284] Cheung K Y, Itami K, Watanabe K, et al. Synthesis of a zigzag carbon nanobelt [J]. Nat Chem, 2021, 13: 255-259.

[285] Povie G, Itami K, Segawa Y, et al. Synthesis of a carbon nanobelt [J]. Science, 2017, 356: 172-175.

[286] Hitosugi S, Isobe H, Sato S, et al. Pentagon-embedded cycloarylenes with cylindrical shapes [J]. Angew Chem Int Ed, 2017, 56: 9106-9110.

[287] Koga Y, Itami K, Kaneda T, et al. Synthesis of partially and fully fused polyaromatics by annulative chlorophenylene dimerization [J]. Science, 2018, 359: 435-439.

[288] Wang X-Y, Narita A, Urgel J I, et al. Bottom-up synthesis of heteroatom-doped chiral graphene nanoribbons [J]. J Am Chem Soc, 2018, 140: 9104-9107.

[289] Cui S, Du P, Zhuang G, et al. A three-dimensional capsule-like carbon nanocage as a segment model of capped zigzag [12, 0] carbon nanotubes: Synthesis, characterization, and complexation with C_{70} [J]. Angew Chem Int Ed, 2018, 130: 9474-9479.

[290] Wang J, Du P W, Zhuang G, et al. Selective synthesis of conjugated chiral macrocycles: Sidewall

[290] segments of (−)/(+)-(12, 4) carbon nanotubes with strong circularly polarized luminescence [J]. Angew Chem Int Ed, 2019, 59: 1619-1626.

[291] Huang Q, Du P, Zhuang G, et al. A long π-conjugated poly (*para*-phenylene)-based polymeric segment of single-walled carbon nanotubes [J]. J Am Chem Soc, 2019, 141: 18938-18943.

[292] Cruz C M, Campaña A G, Márquez I R, et al. Enantiopure distorted ribbon-shaped nanographene combining two-photon absorption-based upconversion and circularly polarized luminescence [J]. Chem Sci, 2018, 9: 3917-3924.

[293] Segawa Y, Levine D R, Itami, K. Topologically unique molecular nanocarbons [J]. Acc Chem Res, 2019, 52: 2760-2767.

[294] Cheung K Y, Miao Q, Gui S, et al. Synthesis of armchair and chiral carbon nanobelts [J]. Chem, 2019, 5: 838-847.

[295] Yano Y, Itami K, Wang F, et al. Step-growth annulative π-extension polymerization for synthesis of cove-type graphene nanoribbons [J]. J Am Chem Soc, 2020, 142: 1686-1691.

[296] Li K, Sun Z, Xu Z, et al. Dimeric cycloparaphenylenes with a rigid aromatic linker [J]. Angew Chem Int Ed, 2021, 60: 7649-7653.

[297] Fan W, Wu J S, Matsuno T, et al. Synthesis and chiral resolution of twisted carbon nanobelts [J]. J Am Chem Soc, 2021, 143: 15924-15929.

[298] Xiao X, Nuckolls C, Pedersen S K, et al. Chirality amplified: Long, discrete helicene nanoribbons [J]. J Am Chem Soc, 2020, 143: 983-991.

[299] Huang T, Wang X, Tu X, et al. Observation of chiral and slow plasmons in twisted bilayer graphene [J]. Nature, 2022, 605: 63-68.

[300] Koner K, Banerjee R, Karak S, et al. Porous covalent organic nanotubes and their assembly in loops and toroids [J]. Nat Chem, 2022, 14: 507-514.

[301] Ajami D, Herges R, Oeckler O, et al. Synthesis of a Möbius aromatic hydrocarbon [J]. Nature, 2003, 426: 819-821.

[302] Schaller G R, Herges R, Topic F, et al. Design and synthesis of the first triply twisted Möbius annulene [J]. Nat Chem, 2014, 6: 608-613.

[303] Kinney Z J, Hartley C S. Twisted macrocycles with folded ortho-phenylene subunits [J]. J Am Chem Soc 2017, 139: 4821-4827.

[304] Naulet G, Durola F, Sturm L, et al. Cyclic tris-[5] helicenes with single and triple twisted Möbius topologies and Möbius aromaticity [J]. Chem Sci, 2018, 9: 8930-8936.

[305] Fan Y-Y, Cong H, Chen D, et al. An isolable catenane consisting of two Möbius conjugated nanohoops [J]. Nat Com, 2018, 9: 3037-3041.

[306] Jiang X, Moore J S, Laffoon J D, et al. Kinetic control in the synthesis of a Möbius tris ((ethynyl) [5] helicene) macrocycle using alkyne metathesis [J]. J Am Chem Soc, 2020, 142: 6493-6498.

[307] Li K, Sun Z, Xu Z, et al. Overcrowded ethylene-bridged nanohoop dimers: Regioselective synthesis, multiconfigurational electronic states, and global Hückel/Möbius aromaticity [J]. J Am Chem Soc, 2021, 143: 20419-20430.

[308] Segawa Y, Itami K, Watanabe T, et al. Synthesis of a Möbius carbon nanobelt [J]. Nat Synth, 2022, 1: 535-541.

[309] Krzeszewski M, Ito H, Itami K. Infinitene: A helically twisted figure-eight [12] circulene topoisomer [J]. J Am Chem Soc, 2021, 144: 862-871.

[310] Sun Z, Matsuno T, Isobe H. Stereoisomerism and structures of rigid cylindrical cycloarylenes [J]. Bull Chem Soc Jpn, 2018, 91: 907-921.

[311] Pradhan A, Durola F, Dechambenoit P, et al. Twisted polycyclic arenes by intramolecular scholl reactions of C_3-symmetric precursors [J]. J Org Chem, 2013, 78: 2266-2274.

[312] He Z, Tang B Z, Wang E, et al. An aggregation-induced emission-active macrocycle: Illusory topology of the penrose stairs [J]. ChemPlusChem, 2015, 80: 1245-1249.

[313] Robert A, Durola F, Dechambenoit P, et al. Non-planar oligoarylene macrocycles from biphenyl [J]. Chem Com, 2017, 53: 11540-11543.

[314] Ferreira M, Durola F, Naulet G, et al. A naphtho-fused double [7] helicene from a maleate-bridged chrysene trimer [J]. Angew Chem Int Ed, 2017, 56: 3379-3382.

[315] Mannanchery R, Mayor M, Devereux M, et al. Molecular ansa-basket: Synthesis of inherently chiral all-carbon [12] (1, 6) pyrenophane [J]. J Org Chem, 2019, 84: 5271-5276.

[316] Robert A, Coquerel Y, Naulet G, et al. Cyclobishelicenes: Shape-persistent figure-eight aromatic molecules with promising chiroptical properties [J]. Chem Eur J, 2019, 25: 14364-14369.

[317] Yang Y-D, Gong H-Y, Ji X, et al. Time-dependent solid-state molecular motion and colour tuning of host-guest systems by organic solvents [J]. Nat Com, 2020, 11: 77-84.

[318] Yang Y-D, Gong H-Y, Chen J-L, et al. Emergent self-assembly of a multicomponent capsule via iodine capture [J]. J Am Chem Soc, 2020, 143: 2315-2324.

[319] Ouyang G, Würthner F, Rühe J, et al. Intramolecular energy and solvent-dependent chirality transfer within a BINOL-perylene hetero-cyclophane [J]. Angew Chem Int Ed, 2022, 61: e202206706.

[320] Fujikawa T, Segawa, Y, Itami K. Synthesis and structural features of quadruple helicenes: Highly distorted π systems enabled by accumulation of helical repulsions [J]. J Am Chem Soc, 2016, 138: 3587-3595.

[321] Li Y, Yagi A, Itami K. Synthesis of highly twisted, nonplanar aromatic macrocycles enabled by an axially chiral 4,5-diphenylphenanthrene building block [J]. J Am Chem Soc, 2020, 142: 3246-3253.

[322] Wang L, Tanaka K, Hayase N, et al. Synthesis, structures, and properties of highly strained cyclophenylene-ethynylenes with axial and helical chirality [J]. Angew Chem Int Ed, 2020, 132: 18107-18113.

[323] Han X-N, Han Y, Chen C-F. Pagoda [4] arene and i-pagoda [4] arene [J]. J Am Chem Soc, 2020, 142: 8262-8269.

[324] Jiao J, Cui Y, Dong J, et al. Fine-tuning of chiral microenvironments within triple-stranded helicates for enhanced enantioselectivity [J]. Angew Chem Int Ed, 2021, 60: 16568-16575.

[325] Yuan Y-X, Zang S-Q, Jia J H, et al. Fluorescent TPE macrocycle relayed light-harvesting system

for bright customized-color circularly polarized luminescence [J]. J Am Chem Soc, 2022, 144: 5389-5399.

[326] Li S, Li C J, Zhang Z Y, et al. Synthesis of a luminescent macrocycle and its crystalline structure-adaptive transformation [J]. Org Chem Front, 2022, 9: 4394-4400.

[327] Omachi H, Segawa Y, Itami K. Synthesis and racemization process of chiral carbon nanorings: A step toward the chemical synthesis of chiral carbon nanotubes [J]. Org Lett, 2011, 13: 2480-2483.

[328] Huang Z-A, Cong H, Chen C, et al. Synthesis of oligoparaphenylene-derived nanohoops employing an anthracene photodimerization-cycloreversion strategy [J]. J Am Chem Soc, 2016, 138: 11144-11147.

[329] Sarkar P, Isobe H, Sun Z, et al. Stereoisomerism in nanohoops with heterogeneous biaryl linkages of E/Z- and R/S-geometries [J]. ACS Cent Sci, 2016, 2: 740-747.

[330] Castro-Fernández S, Alonso-Gómez J L, Yang R, et al. Diverse chiral scaffolds from diethynylspiranes: All-carbon double helices and flexible shape-persistent macrocycles [J]. Chem Eur J, 2017, 23: 11747-11751.

[331] Lu D, Du P, Zhuang G, et al. A large π-extended carbon nanoring based on nanographene units: Bottom-up synthesis, photophysical properties, and selective complexation with fullerene C_{70} [J]. Angew Chem Int Ed, 2016, 56: 158-162.

[332] Chen C-F, Han Y. Triptycene-derived macrocyclic arenes: From calixarenes to helicarenes [J]. Acc Chem Res, 2018, 51: 2093-2106.

[333] Han X, Chen C, Li P, et al. Enantiomeric water-soluble octopus [3] arenes for highly enantioselective recognition of chiral ammonium salts in water [J]. Angew Chem Int Ed, 2022. 61: e2022025.

[334] Liu C, Wu J, Sandoval-Salinas M E, et al. Macrocyclic polyradicaloids with unusual super-ring structure and global aromaticity [J]. Chem, 2018, 4: 1586-1595.

[335] Segawa Y, Itami K, Kuwayama M, et al. Topological molecular nanocarbons: All-benzene catenane and trefoil knot [J]. Science, 2019, 365: 272-276.

[336] Zhang X, Du P, Liu H, et al. An unexpected dual-emissive luminogen with tunable aggregation-induced emission and enhanced chiroptical property [J]. Nat Com, 2022, 13: 3543-3552.

[337] Fang P, Du P, Chen M, et al. W. Selective synthesis and (chir) optical properties of binaphthyl-based chiral carbon macrocycles [J]. Chem Com, 2022, 58: 8278-8281.

[338] He J, Jiang H, Yu M, et al. Nanosized carbon macrocycles based on a planar chiral pseudo meta-[2.2] paracyclophane [J]. Chem Eur J, 2022, 28: e202103832.

[339] Bu A, Cong H, Zhao Y, et al. A conjugated covalent template strategy for all-benzene catenane synthesis [J]. Angew Chem Int Ed, 2022, 61: e202209449.

2

四吡啶基四氢吡咯并吡咯酮的合成及性能研究

2.1 概述

具有复杂稠环骨架的杂环分子广泛存在于天然产物和药物中[1-2]（如吡咯烷酮、吡咯并[3,4-c]吡咯、二酮吡咯并吡咯等）。该类分子还可用作构建有机光伏器件、场效应晶体管或聚合物太阳能电池等的功能材料[3-4]。同时，向稠环化合物中引入杂环取代基已被证明可以诱导分子产生特定功能。然而，大多数已报道的杂环取代基修饰复杂稠环骨架的合成工作都需要贵金属催化、强碱、高温、危险试剂和/或耗时的多步反应条件［图 2-1(a)］[5-6]，这阻碍了复杂稠环分子进一步的性能和应用探索。因此，设计简单、方便、快捷、温和的方法是发展该类分子的关键。

本部分内容涉及新型具有手性碳原子的四吡啶基四氢吡咯并吡咯酮及其衍生物的合成，并对产物之一的 2-(吡啶-2-基)-2-(3,3a,6-三(5-吡啶-2-基)5-氧六氢吡咯并[3,2-b]吡咯-2(1H)-丙烯)乙腈（**1a**）的性能进行了初步探究。以已报道的化合物 2-芳基乙腈类为底物，在乙醇钠的作用下，制得一系列的 E-3-氨基-2,4-二(吡啶-2-基)丁-2-烯腈（**2a**）及其具有不同芳基的底物（**2**）。这些底物仅在碱性条件下反应，然后经过硅胶柱色谱或有机质子酸[7-8]的处理，得到目标产物四氢吡咯并吡咯酮（**1a~1d**）。产物通过核磁共振氢谱、核磁共振碳谱、高分辨质谱（ESI-HRMS）和 X 射线单晶衍射等表征手段进行了确证。

并基于已合成的四吡啶基四氢吡咯并吡咯酮的性质，希望与手性环间苯类大环发生主客体相互作用，制备新的主客体复合物，并深入探究该主客体复合物的各项性能，进一步应用于新的主客体功能材料的制备。

本研究开发的合成策略条件温和，无需贵金属，也无需高温条件和惰性气体的保护。**1a** 被证明在测试的 29 种金属阳离子中只与锌离子和镉离子发生高选择性络合，可作为识别两种离子的荧光探针。需要说明的是，Zn^{2+} 是生物体内重要的微量元素，对生物免疫系统的调节起着关键作用[9]。而 Cd^{2+} 的鉴定对生物、环境和食品安全检测均具有重要意义[10]。此外，**1a** 分子还可以作为质子探针。同时，向其四氢呋喃溶液体系中逐渐增加不良溶剂（水）的含量，体系由原来的蓝色荧光逐渐红移为黄绿色荧光。并且，荧光发射的量子效率变化较小，**1a** 固体可发射黄色荧光［图 2-1(b)］。上述结果表明 **1a** 分子在溶液和固态下具有近似的量子产率，即 DSE 效应。与聚集诱导发光（AIE）效应和传统的聚集诱导

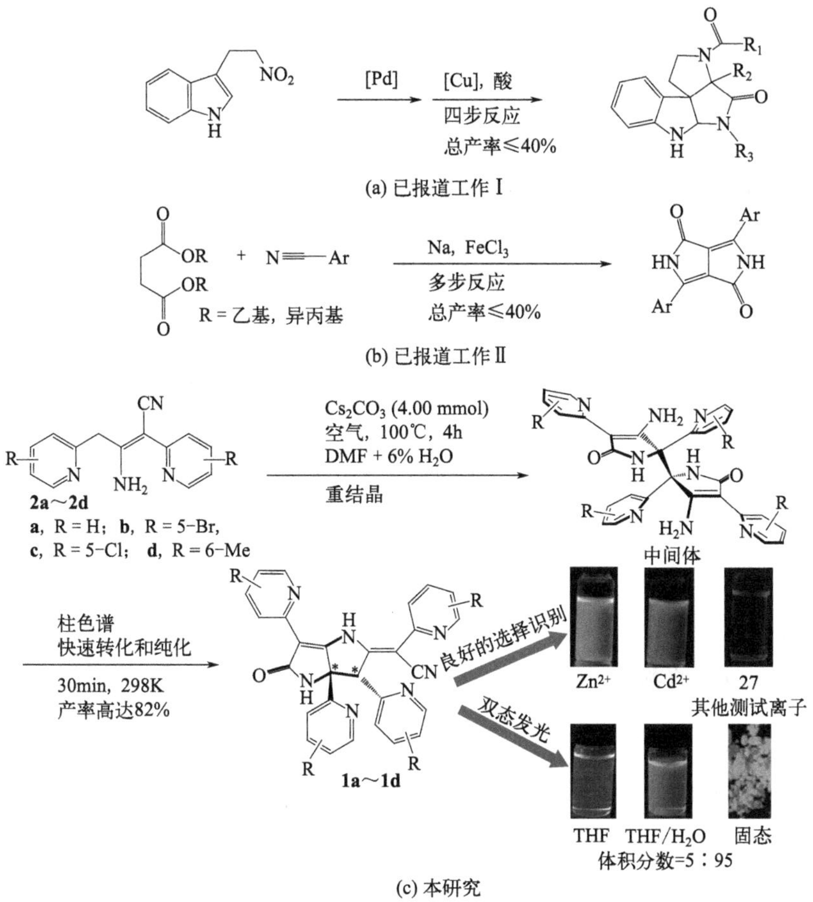

图 2-1 已报道四氢吡咯并吡咯酮类化合物合成策略与本研究中
四氢吡咯并吡咯酮的合成新策略以及初步性能探究

猝灭（ACQ）分子相比，双态发光分子（DSEgen）作为新型荧光分子材料，其研究仍有待发展[11-18]。

2.2 反应优化

前期的研究工作已经实现了 **1a** 的合成[19-25]。在此基础上，本部分工作进一步深入探究了 **1a** 合成反应的优化、底物的可适用范围，并实现了克量级产物的制备。同时还进一步探明了反应的机理。

2.2.1 反应条件优化

本部分工作选用 E-3-氨基-2,4-二(吡啶-2-基)丁-2-烯腈（**2a**）作为底物，进行了反应条件的优化（图 2-2）。主要考察了以下因素对反应的影响：①溶剂；②碱的种类；③温度；④气氛。通过对反应条件的筛选，最终确定了最优的反应条件（注：图 2-2 中，∗表示手性碳原子）。

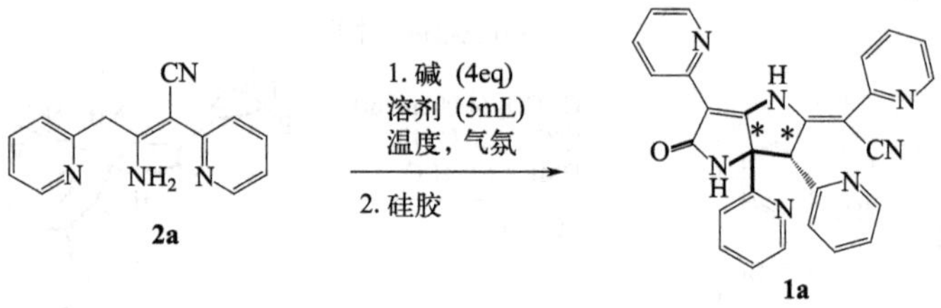

图 2-2 模板反应的条件筛选

2.2.1.1 溶剂

首先对反应溶剂的种类进行了筛选。如表 2-1 所示，当溶剂为市售的分析纯 N,N-二甲基甲酰胺（DMF，AR）时，**1a** 的产率可以达到 75%（表 2-1，序号 1）；当溶剂分别为 N,N-二甲基乙酰胺（DMAC）、二甲基亚砜（DMSO）或乙腈时，产率分别为 59%、56% 或 55%（表 2-1，序号 2～序号 4）；当溶剂为四氢呋喃（THF）、苯、环己烷、乙醇或水时，未检测到目标产物（表 2-1，序号 5～序号 9）。因此，DMF 被选为反应溶剂。

表 2-1 溶剂种类对反应的影响

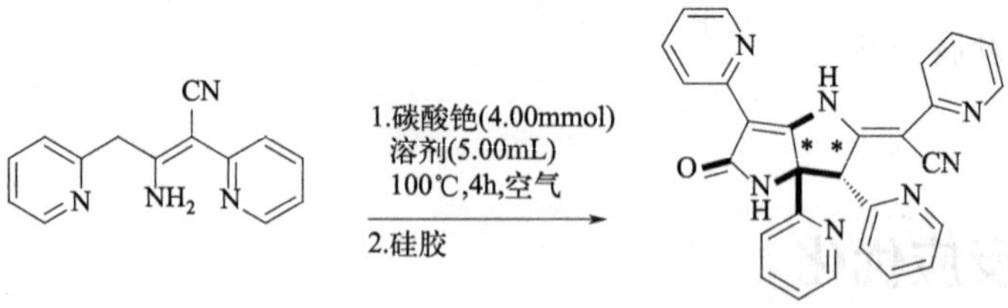

序号	溶剂	产率/%[①]
1	DMF(AR)	75
2	DMAC(AR)	59
3	DMSO(AR)	56

续表

序号	溶剂	产率/%①
4	CH_3CN(AR)	55
5	THF(AR)	ND②
6	C_6H_6(AR)	ND
7	C_6H_{12}(AR)	ND
8	C_2H_6O(AR)	ND
9	H_2O	ND

① 硅胶柱色谱分离产率。序号1-3的反应温度是100℃，序号4-9的均为回流反应。
② 未检测到目标产物。
注：反应条件为 **2a**（1.00mmol，1eq），碳酸铯（4.00mmol，4eq），溶剂，空气，4h。

2.2.1.2 碱源

如表2-2所示，以DMF为反应溶剂，通过对碱的种类进行筛选，发现当碱为碳酸铯时，产率最高，为75%（表2-2，序号1）；当使用氢氧化钠或碳酸钾时，产率分别仅为30%或52%（表2-2，序号2～序号3）；而使用叔丁醇钾、氢化钠、双（三甲基硅基）氨基钠、三乙胺或乙醇钠时均无法有效生成 **1a**（表2-2，序号4～序号8）。因此，碳酸铯被选为反应的碱源。

表2-2 碱的种类对反应的影响

序号	碱/mmol	产率/%①
1	Cs_2CO_3	75
2	NaOH	30
3	K_2CO_3	52
4	tBuOK	ND③
5	NaH	ND
6	NaHMDS②	ND
7	$(CH_3CH_2)_3N$	ND
8	C_2H_5ONa	ND

① 硅胶柱分离产率。
② NaHMDS=双（三甲基硅基）氨基钠。
③ 未检测到目标产物。
注：反应条件为 **2a**（1.00mmol，1eq），碱（4.00mmol，4eq），DMF（5.00mL，AR），空气，100℃，4h。

2.2.1.3 温度

下面以 DMF 为溶剂、碳酸铯为碱源，对反应的温度进行探究。如表 2-3 所示，当温度低于 40℃时，反应不能有效进行（表 2-3，序号 1～序号 2）；当温度为 80℃或 100℃时，收率分别为 55% 和 75%（表 2-3，序号 3～序号 4）；进一步升温至 120℃和 150℃时，收率无显著变化，分别为 72% 和 70%（表 2-3，序号 5～序号 6）。因此，选择 100℃作为反应的最佳温度。

表 2-3 不同温度对反应的影响

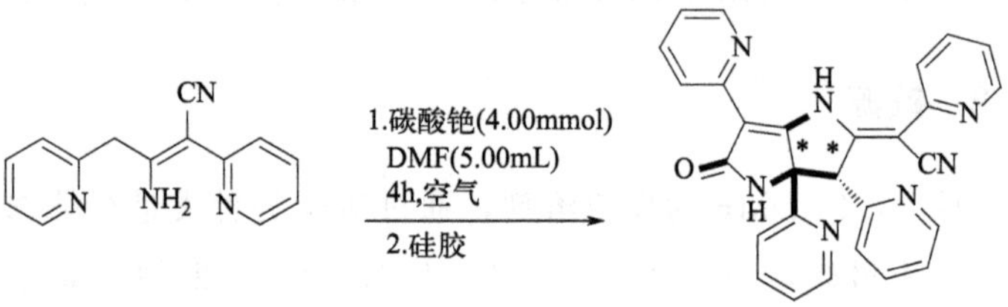

序号	温度/℃	产率/%[①]
1	25	ND[②]
2	40	ND
3	80	55
4	100	75
5	120	72
6	150	70

[①] 硅胶柱分离产率。
[②] 未检测到目标产物。
注：反应条件为 2a（1.00mmol，1eq），碳酸铯（4.00mmol，4eq），DMF（5.00mL，AR），空气，4h。

2.2.1.4 反应气氛

最后，对反应的气氛条件进行了优化。如表 2-4 所示，当反应在空气、氩气或氧气的气态氛围中进行时，最终收率无明显差异，分别为 75%、71% 或 70%（表 2-4，序号 1～序号 3）；当反应气氛为氧气，并以超干的 DMF 作为溶剂时，无反应发生（表 2-4，序号 3～序号 4）。因此，反应被选择在空气中进行。

表 2-4 气氛对反应的影响

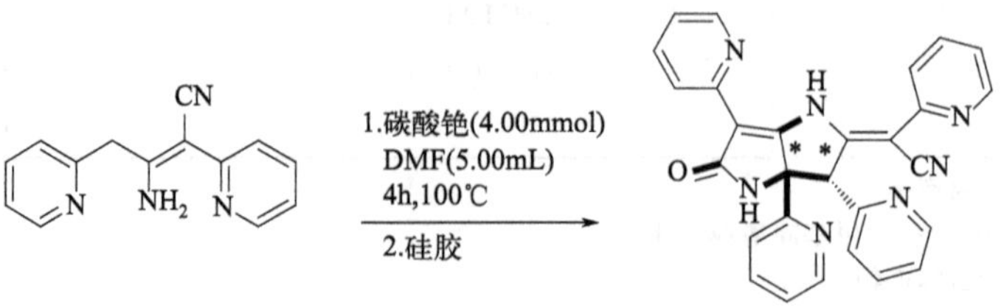

序号	气氛/1atm①	产率/%②
1	空气	75
2	Ar	71
3	O_2	70
4	$O_2$③	ND④

① 1atm=101325Pa。
② 硅胶柱分离产率。
③ 超干DMF。
④ 未检测到目标产物。
注：反应条件为 **2a** (1.00mmol, 1eq)，碳酸铯 (4.00mmol, 4eq)，DMF (5.00mL, AR)，气氛，100℃，4h。

2.2.1.5 反应优化条件的确定

根据反应条件的筛选结果，确定了合成 **1a** 的最佳反应条件：在15mL的Schlenk管中，加入反应原料 **2a** (1.00mmol, 4eq)、碳酸铯 (4.00mmol, 4eq) 及反应溶剂 DMF (5.00mL, AR) 之中。反应在空气中进行，温度设置为100℃，反应时间为4h。反应结束后，待体系冷却至室温，用蒸馏水洗涤 (15mL×3)，并用二氯甲烷萃取 (15mL×3)，无水硫酸镁干燥后旋干溶剂。以石油醚和乙酸乙酯的混合液 (2/1，体积比) 作为洗脱剂进行硅胶 (200~300目) 柱色谱分离，获得 **1a** (黄色固体，75%)(图2-3)。

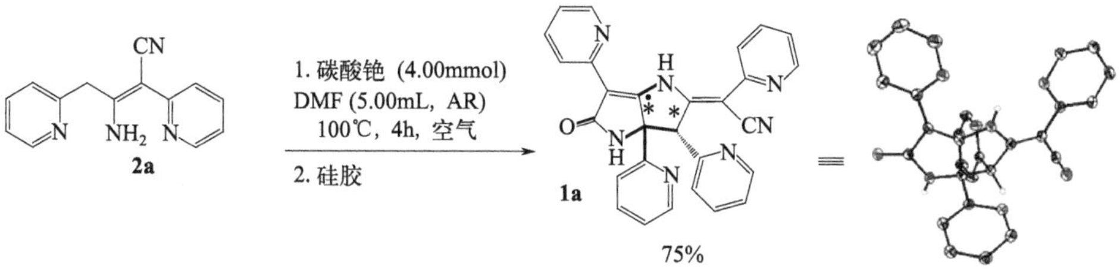

图 2-3　**1a** 的反应最优条件

利用X射线衍射对 **1a** 的单晶结构进行分析，发现 **1a** 存在两个具有反式构型 (R,R) 或 (S,S) 的手性碳原子，以及反应生成的4个 σ 化学键。此结构中的吡啶基团和吡咯骨架中的氮原子电负性较强，可用于识别或结合金属阳离子以及含有正电荷的化合物，并极有可能成为 **1a** 结构的反应活性位点。

2.2.2　克量级反应

在最优反应条件下，对生成 **1a** 的反应进行克量级合成。制备过程如下：向

100mL 的三口烧瓶中加入 **2a**（7.00mmol，1.00eq），碳酸铯（28.0mmol，4.00eq），以 DMF（50.0mL，AR）作为反应溶剂，100℃下在空气中反应 10h。体系冷却至室温后用蒸馏水洗涤（150mL×3），二氯甲烷萃取（150mL×3），然后干燥，真空浓缩，以洗脱剂乙酸乙酯和石油醚混合溶剂进行硅胶（200～300目）柱色谱分离，制得 **1a**（黄色固体，59%）（图 2-4）。

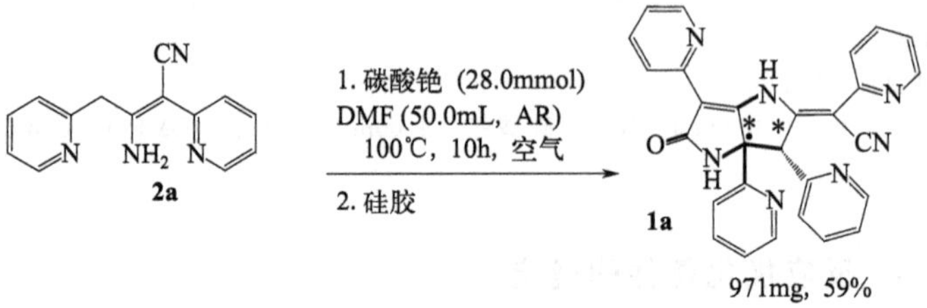

图 2-4　**1a** 的克量级制备

2.3　底物拓展和分析

2.3.1　反应底物预制备

底物制备过程如下：将 2-吡啶乙腈（1.00mmol，1eq）溶解在 EtONa/EtOH（0.40mL，2.00mol/L）中，于 75℃下搅拌 2h。用薄层色谱分析法（TLC）监测反应进程，反应完成后淬灭反应。待体系稍微冷却，趁热过滤出滤液，真空除去溶剂后得到黄色固体。以乙酸乙酯为洗脱剂进行硅胶（200～300目）柱色谱分离，获得 **2a**（白色固体，95%）。通过此法，还能够简单、快速地制备 **2a** 的系列的衍生物 **2b**～**2l**（图 2-5）。

2.3.2　底物拓展

优化后的反应条件如下：向干燥的 15.0mL Schlenk 管中加入 **2b**（1.00mmol，1eq）、碳酸铯（4.00mmol，4eq）和 DMF（5.00mL，AR）。100℃下，在空气中反应 4h。反应结束后，待体系冷却至室温，用蒸馏水进行洗涤（15mL×3），二氯甲烷进行萃取（15mL×3），然后干燥，过滤。真空浓缩滤液，以石油醚和乙

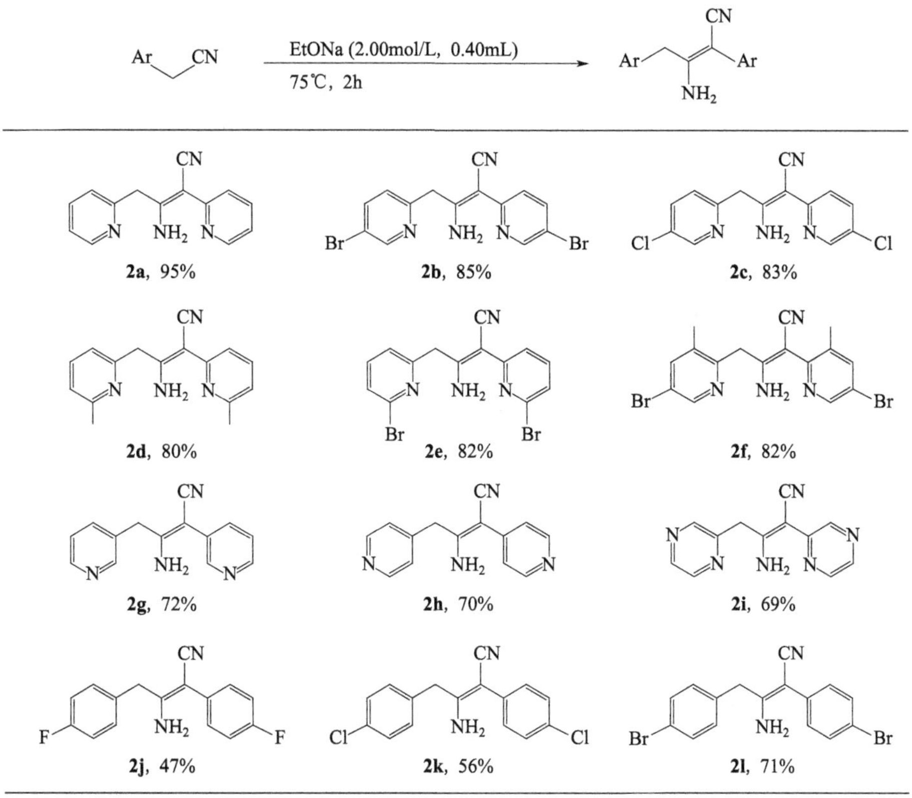

图 2-5 化合物 **2** 的一般制备方法

酸乙酯混合液作为洗脱剂进行硅胶（200~300 目）柱色谱分离，制得 **1b**（黄色固体，70%）。将反应底物 **2b** 替换为 **2c**~**2l**，进一步探索此反应条件下的反应结果（图 2-6）。

在优化后的反应条件下，对底物的官能团适应性进行了探索。当吡啶环的 4 位被卤素 Br 或 Cl 取代之时，**1** 衍生物的反应产率分别高达 70% 或 82%（图 2-6）。通过 XGBoost 计算底物 2 结构中亚甲基在不同溶剂中的 pK_a 值（图 2-6，**2b**，**2c**），表明 CH_2 上质子具有特定酸度时，有利于 **1** 的生成。当甲基位于间位时，**1d** 反应收率低于 10%（图 2-6，**2d**）；当给电子效应的基团存在于底物的吡啶环时，将不利于反应的进行。单晶衍射结果证明 **1a**~**1d** 结构为两个具有反式（即 S、S-和 R、R-）构型的手性碳原子的外消旋体，结构中的两个手性碳原子上的吡啶基位于二氢吡咯环的不同侧。同时，未能检测到其非对映异构体的存在。上述结果表明，该反应具有较高的非对映选择性。

在优化后的反应条件下，将底物的取代基替换为 6-溴或 5-溴-3-甲基，或

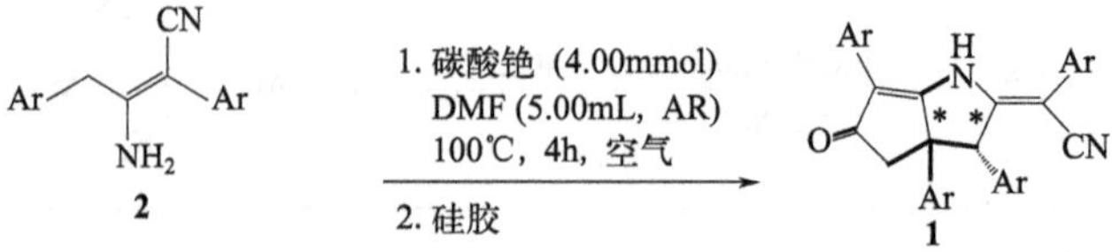

序号	产率①	pKₐ of CH₂ on 2 (50% 乙醇)[19]	pKₐ of CH₂ on 2 (二甲基亚砜)[19]
2a	1a (75%)	9.41	15.39
2b	1b (70%)	8.21	13.21
2c	1c (82%)	9.29	13.38
2d	1d (<10%)	9.70	15.83
2e	反应混乱	7.96	13.02
2f	反应混乱	7.55	12.81
2g	无反应	9.84	15.49
2h	无反应	9.32	15.63
2i	反应混乱	9.17	15.43
2j	无反应	9.46	17.32
2k	无反应	8.48	15.75
2l	无反应	7.89	15.51

①硅胶柱色谱分离产率。

注：反应条件为2 (1.00mmol, 1 eq)，碳酸铯 (4.00mmol, 4 eq)，DMF (5.00mL, AR),空气，100℃，4h。

图 2-6 **1** 的底物拓展和 **2** 的亚甲基 pK_a 值

将吡啶骨架更换为吡嗪骨架，亦或者以吡啶-3-基、吡啶-4-基或4-卤代苯甲基（卤素为 F、Cl 或 Br）代替底物 **2a** 的吡啶-2-基骨架，均未能检测到 **1a** 衍生物或类似分子骨架的产生。通过 XGBoost 软件计算这些底物中亚甲基的酸度，发现合成的反应底物在不同溶剂中的 pK_a 值相较于底物 **2a**~**2d** 偏高或者偏低（图 2-6，**2e**~**2l**），此结果间接表明反应位点的亚甲基的酸度是影响产物 **1** 能否生成的重要因素。此外，底物 **2** 结构上其他位点的竞争也对该反应的发生造成影响。

综合分析 **1a**，**1b** 和 **1d** 的 X 射线单晶衍射结果发现（图 2-7），**1a**~**1d** 单晶结构中的并吡咯二环及四吡啶基团中的氮原子可协同作用，从而使化合物具有与质子、金属阳离子或其他带正电荷的有机小分子发生结合的可能性，实现对这些物质的特异性识别。

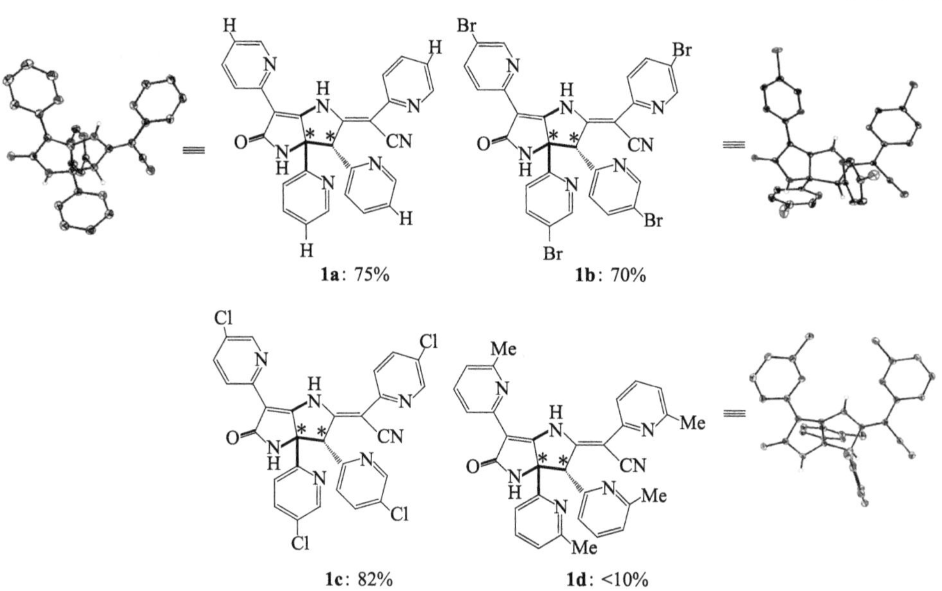

图 2-7 反应底物拓展

2.4 机理研究

2.4.1 机理探究

为探明在 **1a** 的生成中分子结构里氧元素的来源，进行了如下实验：向 15mL 的 Schlenk 管中加入反应原料 **2a**（1.00mmol，1.00eq），碳酸铯（4.00mmol，4.00eq）置于反应溶剂 DMF（5.00mL，AR）之中。以$^{18}O_2$ 为反应气氛，温度为 100℃。反应 4h 后，以硅胶柱层析法提纯分离制得 **1a**，反应收率为 70%。在所获得的 **1a** 纯品中未检测到高丰度$^{18}O_2$ 同位素（图 2-8）。

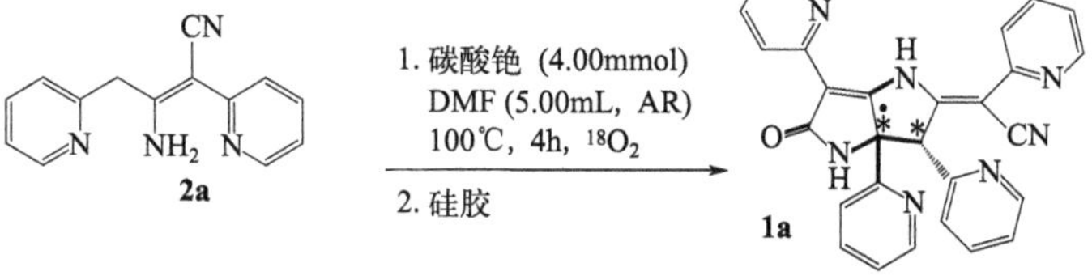

1.0mmol　　无^{18}O的同位素标记，70%

图 2-8 控制实验 **1**

该结果表明，$^{18}O_2$ 并未参与构筑 **1a**。

进一步探究 **1a** 分子中氧元素来源的反应如下：向 15mL 的 Schlenk 管中加入反应原料 **2a**（1.00mmol，1.00eq），再加入碳酸铯（4.00mmol，4.00eq），混合溶剂 DMF/水（5.00mL，94/6，体积比）之中。氩气为反应气氛，温度为 100℃。反应 4h 后，以硅胶柱层析法提纯分离制得 **1a**，反应收率为 71%（图 2-9）。

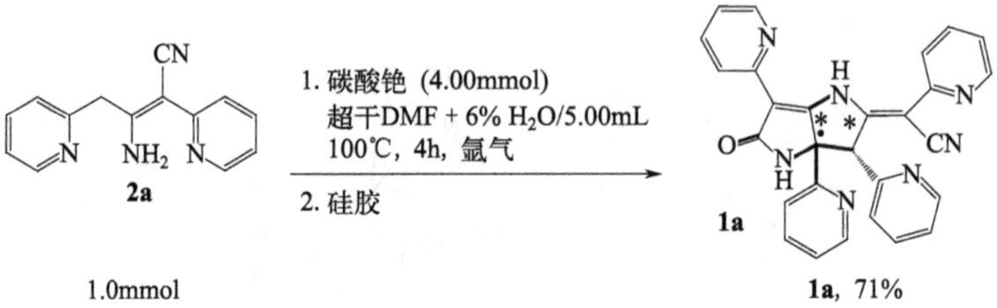

图 2-9 控制实验 2

实验结果表明，以混合液 DMF/水作为反应溶剂时，与分析纯 DMF 为反应溶剂相较，反应产率接近。结合控制实验 1 和上述对反应气氛的条件优化，以及仅以超干 DMF 为溶剂生成 **1a** 的结果，认为水应作为氧元素来源参与 **1a** 的生成。

为探究 **1a** 生成的可能中间体，以下两组反应被加以探究：向两个 15mL 的 Schlenk 管（分别命名反应 A 和 B）各加入 **2a**（1.00mmol，1.00eq），碳酸铯（4.00mmol，4.00eq），DMF/水（5.00mL，94/6，体积比），以氩气为反应气氛，反应温度为 100℃。A 反应：30 分钟即停止反应。待反应体系稍微冷却后，将反应体系趁热过滤得滤液，用二氯甲烷洗涤（15mL×3），然后用蒸馏水洗涤（15mL×3）。真空浓缩后，以洗脱剂乙酸乙酯和石油醚（1/4，体积比）进行硅胶（200~300 目）柱层析制得 I（黄色固体，<10%）。B 反应：反应 4h 后停止，趁热过滤得滤液，用二氯甲烷洗涤（15mL×3），然后用蒸馏水洗涤（15mL×3）。真空浓缩除去二氯甲烷后，再以二氯甲烷/乙腈（1：1，体积比）的混合液重结晶制得中间体 II（黄色固体，70%）（图 2-10）。

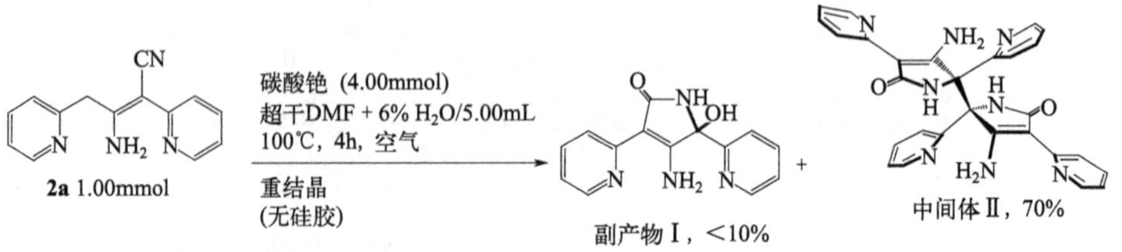

图 2-10 控制实验 3

实验结果表明，以混合液 DMF/水作为反应溶剂，通过不同的反应时间和后处理方式，可得到少量的副产物 I 和大量的稳定中间体 II。且在后续的分离提纯过程中发现，在没有硅胶参与分离提纯的情况下，未获得目标产物 **1a**。由此说明中间体 II 需要在硅胶的作用下，才能转化为目标分子 **1a**。

2.4.2 酸转化实验

为验证中间体 II 为最终产物 **1a** 的前体，进行了如下实验（表 2-5）。

表 2-5 酸转化实验

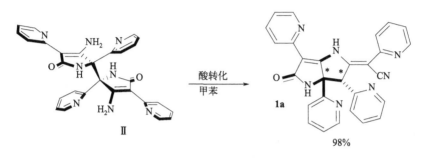

酸	产率/%	酸	产率/%
苯甲酸	98	(1S,3R)-(−)-樟脑酸	83
2-苯基丙烯酸	79	(S)-(+)-扁桃酸	68
L-(+)-樟脑磺酸	80	(S)-(+)-2-苯基丙酸	78
L-(+)-乳酸	81	二苯甲酰基-L-酒石酸	65
L-(−)-苹果酸	95		

注：反应条件为 II （1.00mmol），酸（0.100mmol），甲苯（5.00mL），室温，30min，重结晶分离。

向 15mL Schlenk 管中，加入 II （1.00mmol，1.00eq），苯甲酸（0.100mmol，0.100 当量），甲苯（5.00mL）。室温下搅拌 30min 后，真空浓缩除去甲苯。将所得黄色固体用二氯甲烷洗涤（50mL×3），然后用蒸馏水洗涤（50mL×3）。并在二氯甲烷中重结晶制得 **1a**（黄色固体，98%），几乎达到定量转化。将苯甲酸分别替换为其他质子酸（布朗斯特酸，Brønsted acid），如阿托酸、L-(+)-樟脑磺酸、L-(+)-乳酸、L-(−)-苹果酸、(1S,3R)-(−)-樟脑酸、(S)-(+)-扁桃酸、(S)-(+)-2-苯基丙酸和二苯甲酰基-L-酒石酸，均可实现 II 到 **1a** 的高效转化，但都未实现对于 **1a** 产物特定对映异构体的选择性合成（表 2-5）。

上述系列实验结果表明，在质子酸和硅胶的参与下，稳定中间体 II 为产物 **1a** 的反应前体。在目前已报道的硅胶参与反应的工作中，往往需要硅胶负载更强的路易斯酸；反应时间至少 12h；反应温度大于 90℃。因此，本工作实现了仅通过硅胶柱层析或弱布朗斯特酸，即可温和高效地获得氮杂稠环分子。同时也表明，硅胶作为有机合成领域中最常用的柱层析固定相，其 pK_a 为 6.5。通常认为其是惰性的，长期以来在后续的分离提纯过程中对产物结构的影响被忽略。但通过本工作表明该共识不一定正确。某些复杂分子的转化可以在硅胶中温和高效进行。本工作表明提纯分离的过程中不能忽略硅胶对分子结构转化的影响。

2.4.3 1a 生成机理推断论述

综上所述，分析认为 **2a** 生成 **1a** 经历了如下两个历程（图 2-11）。首先是中间体 **A**、**B** 和副产物 I 的生成。具体为氢氧根离子（OH⁻）催化底物 **2a** 的氰基（—CN）发生水合作用后，继续与 **2a** 结构中亚甲基所连接的质子发生反应，生成五元环中间体 **A**。中间体 **A** 脱去一分子质子与 OH⁻ 结合生成水，同时生成中间体 **B**。中间体 **B** 继续与 OH⁻ 反应，且 OH⁻ 上的电子转移至吡咯酮的氮原子之上，氮原子与水中的质子结合后即可得到副产物 4-氨基-5-羟基-3,5-二(吡啶-2-基)-1,5-二氢-2H-吡咯（I）。反应时间较长，需要 3h 左右，为该循环过程的决速步。

另一方面则是中间体 II 的生成及转化为 **1a** 的历程。具体为：中间体 **A** 与 **B** 在 OH⁻ 作用下，相互结合脱去一分子 H_2O，生成中间体 II。并在 H⁺ 的作用下，中间体 II 进一步转化为中间体 **C**。中间体 **C** 可在脱去 H⁺ 后，发生 1,3-NH_2 迁移[26]，此时与 H⁺ 和 NH_3OH^+ 发生反应，发生分子内 1,5-H 转移[27]，并伴随着部分碳原子的重排和消除最终得到 **1a**。结合上述酸转化实验，中间体 II 发生上述转化速度较快，半个小时内即可完成。

通过反应机理历程分析，中间体 **A** 和 **B** 的产生与 **2a** 上的亚甲基上质子的 pK_a 值有关。随着 pK_a 值的降低，越有利于中间体 **A** 和 **B** 的生成。通过具体历程分析，认为副产物 I 的产生于 **A** 和 **B** 对于亚甲基亲电反应位点的相互竞争。且空间效应也可导致相邻手性碳上的两个吡啶-2-基位于环的不同侧，是导致底物适用范围和官能团兼容性较差的可能原因之一（图 2-11）。

A, B和I的合成：

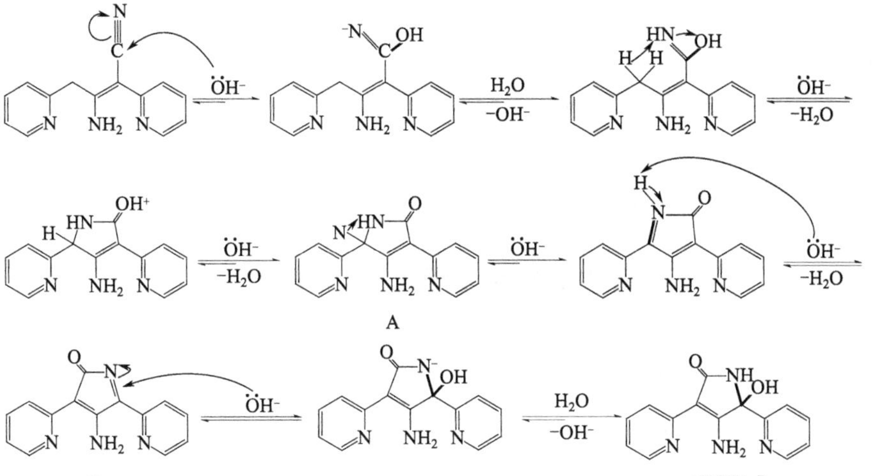

Ⅱ转化为1a的过程：

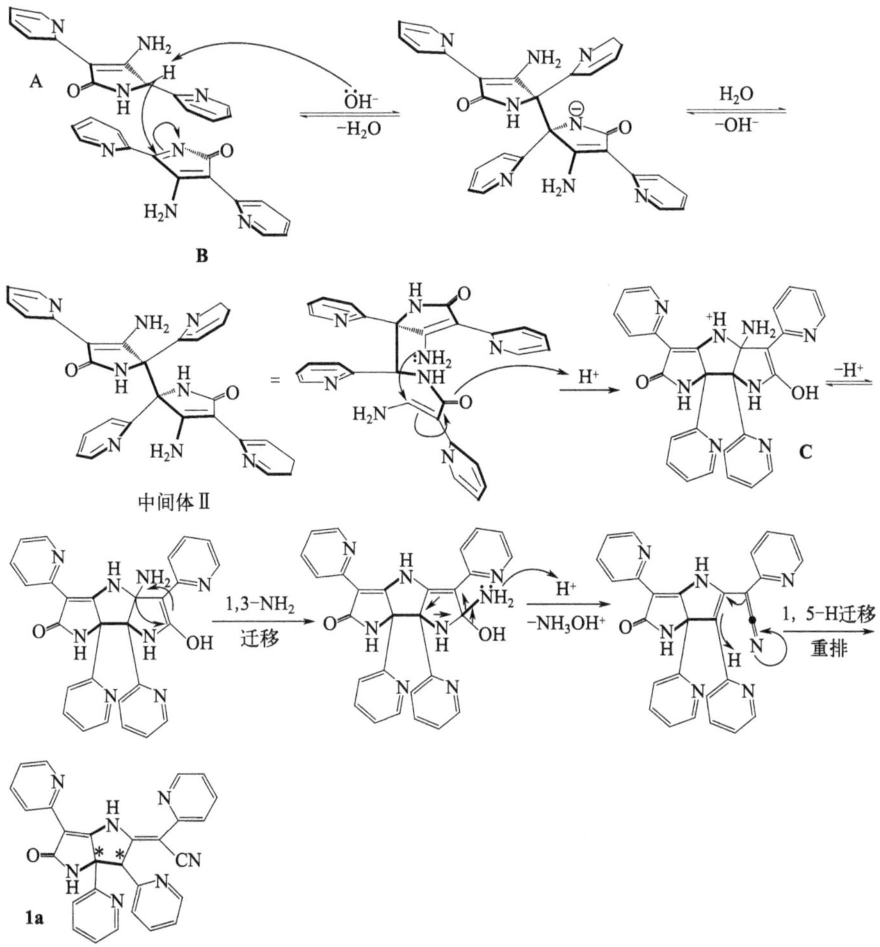

图 2-11 **2a** 生成 **1a** 的机理推断

2 四吡啶基四氢吡咯并吡咯酮的合成及性能研究

2.5 1a 与金属阳离子结合性能研究

2.5.1 紫外光谱法进行金属离子与 1a 的相互作用研究

在四氢呋喃/甲醇（THF/CH_3OH，1/9，体积比）体系中，滴加碱金属（Li^+，Na^+，K^+，Cs^+）、碱土金属（Mg^{2+}，Ca^{2+}，Ba^{2+}）、过渡金属（Mn^{2+}，Fe^{2+}，Fe^{3+}，Co^{2+}，Ni^{2+}，Cu^+，Zr^{4+}，Mo^{5+}，Ru^{2+}，Pd^{2+}，Ag^+，Hg^{2+}）、主族金属（Bi^{3+}）和镧系元素（La^{3+}，Ce^{3+}，Nd^{3+}，Er^{3+}，Eu^{3+}，Lu^{3+}）的盐溶液（THF/CH_3OH，1/9，体积比，2.56×10^{-2} mol/L）以及过渡金属（Zn^{2+}，Cd^{2+}）盐溶液（THF/CH_3OH，1/9，体积比，4.00×10^{-5} mol/L）的紫外可见吸收光谱的变化见图 2-12。如图 2-12(a) 所示，系列金属盐溶液的滴加（0.2mL）未引起 **1a** 的明显紫外光谱响应。吸收峰波长为 375nm，**1a**（2.00×10^{-5} mol/L），朗伯-比尔系数（ε）为 2.18×10^4 L/(mol·cm)。如图 2-12(b) 所示，2 倍当量的 Zn^{2+}、Cd^{2+} 盐溶液的滴加引起了 **1a** 紫外光谱的显著响应，导致 **1a** 的紫外光谱峰强的增大和吸收峰对应的波长位置的红移。说明 **1a** 在 THF/CH_3OH 的体系中，与图中所示金属阳离子无显著作用 [图 2-12(a)]，但高选择性识别了 Zn^{2+}，Cd^{2+}。

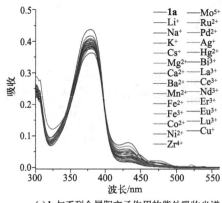

(a) 1a 与系列金属阳离子作用的紫外吸收光谱　　(b) Zn^{2+}、Cd^{2+} 在混合溶剂体系的紫外吸收光谱

图 2-12　**1a**（2.00×10^{-5} mol/L）与系列金属阳离子（2.56×10^{-2} mol/L）作用以及 Zn^{2+}、Cd^{2+}（4.00×10^{-5} mol/L）在混合溶剂体系 THF/CH_3OH（1/9，体积比）的紫外吸收光谱

（见文前彩插）

而在 THF/H_2O（8/2，体积比）的体系中，如图 2-13(a) 所示，**1a** 与系列金属阳离子同样无显著作用。此时对应的吸收峰波长为 375nm，朗伯比尔系数（ε）为 $1.66×10^4$ L/(mol·cm)。如图 2-13(b) 所示，2 倍当量的 Zn^{2+}，Cd^{2+} 盐溶液的滴加则引起了 **1a** 紫外光谱的明显响应。表现为 **1a** 的紫外光谱发生了峰强的增大和吸收峰对应的波长位置的红移。说明在 THF/H_2O（8/2，体积比）的体系中，**1a** 分子也实现了高选择性识别了 Zn^{2+}，Cd^{2+}。Cu^{2+} 盐溶液的滴加则在下文单独讨论（注：文中所使用的金属阳离子均使用硝酸盐溶液进行研究，而一价铜离子和镍离子则分别使用的是六氟磷酸四乙氰铜四氟硼酸盐和氯化镍溶液）。

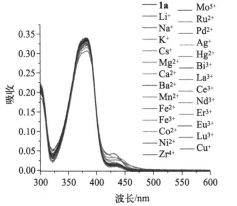
(a) **1a** 与系列金属阳离子作用的紫外吸收光谱

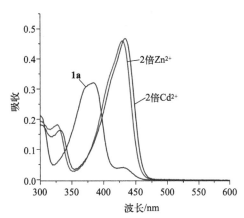
(b) Zn^{2+}、Cd^{2+} 在混合溶剂体系的紫外吸收光谱

图 2-13　**1a**（$2.00×10^{-5}$ mol/L）与系列金属阳离子（$2.56×10^{-2}$ mol/L）作用以及 Zn^{2+}、Cd^{2+}（$4.00×10^{-5}$ mol/L）在混合溶剂体系 THF/H_2O（8/2，体积比）的紫外吸收光谱

（见文前彩插）

2.5.2　Cu^{2+} 与 1a 相互作用的紫外吸收光谱研究

在 THF/CH_3OH 的体系中，滴加二价铜离子在 THF/CH_3OH（1/9，体积比，$2.5×10^{-2}$ mol/L）中的紫外可见吸收光谱发生变化如图 2-14 所示，随着二价铜离子溶液不断滴加（每次滴加 0.04mL），紫外吸收强度在 375nm 处递减，在 435nm 处递增 [图 2-14(a)]。当二价铜离子溶液滴加至 400 当量时，吸收光谱在 375nm 和 435nm 处的变化趋于饱和 [图 2-14(b)]。

探究了二价铜离子（THF/CH_3OH，1/9，体积比，$2.5×10^{-2}$ mol/L）与 **1a**（$2.00×10^{-5}$ mol/L）在 THF/H_2O（1/9，体积比）溶液体系中的紫外可见吸收光谱的变化。此时，**1a** 对于 Cu^{2+} 也有响应（图 2-15）。

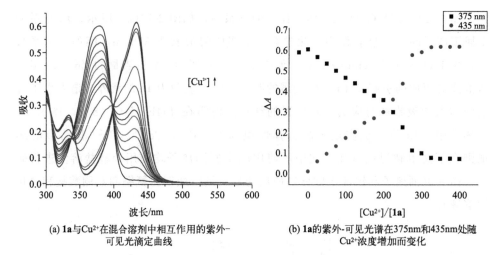

(a) 1a与Cu²⁺在混合溶剂中相互作用的紫外-
可见光滴定曲线

(b) 1a的紫外-可见光谱在375nm和435nm处随
Cu²⁺浓度增加而变化

图 2-14 1a （$2.00×10^{-5}$ mol/L）与 Cu^{2+} （0 到 $3.00×10^{-1}$ mol/L）在混合溶剂 THF/CH_3OH（1/9，体积比）中相互作用的紫外-可见光滴定曲线以及 1a 的紫外-可见光谱在375nm 和 435nm 处随 Cu^{2+} 浓度增加而变化（注意：铜盐为硝酸铜）（见文前彩插）

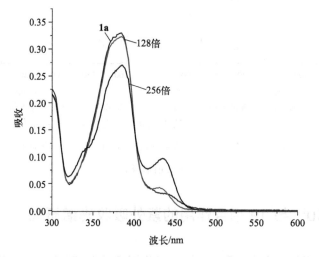

图 2-15 1a （$2.00×10^{-5}$ mol/L）与 Cu^{2+} （$2.56×10^{-2}$ mol/L，$5.12×10^{-2}$ mol/L）在混合溶剂 THF/H_2O（8/2，体积比）中相互作用的紫外-可见光谱

图 2-14 与图 2-15 相比，表明 1a 在不同溶液体系下与 Cu^{2+} 发生相互作用的结合常数较小，无法用该方法准确定量计算。

2.5.3 1a 与金属离子作用的荧光发射光谱

在 THF/CH_3OH（1.00mL，1/9，体积比）中，加入等量的金属阳离子，检测其荧光发光变化。如图 2-16 所示，发现锌离子和镉离子的加入极大增强了溶液的荧光发光强度，而其他离子则未能使 **1a** 明显发光。

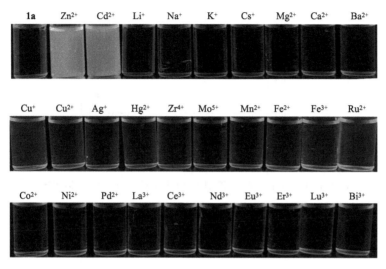

图 2-16　**1a**（2.00×10^{-3} mol/L）在 THF/CH_3OH（1.00mL，1/9，体积比）中与测试的金属离子（2.00×10^{-3} mol/L）在 365nm 下的荧光发光

2.5.4　1a 与 Zn^{2+} 或 Cd^{2+} 相互作用的紫外-可见光谱 Job's plot

为了明确 **1a** 和客体 Zn^{2+} 或 Cd^{2+} 之间相互作用的化学计量比，紫外-可见光谱 Job's plot 被加以测定。如图 2-12 和图 2-13 所示，当 y（定义：主-客体混合液在 430nm 处的吸收值减去空白主体与空白客体在 430nm 处的吸收值之和，即 ΔA_{430nm}）达到极值时，对应的 [Guest]/[Host]+[Guest] 的值，所对应的主客体浓度比，即为主客体相互作用的化学计量比[21]。

1a 与 Zn^{2+} 相互作用的紫外-可见光光谱 Job's plot 中，[Guest]/[Host]+[Guest] 达到 0.5 时，ΔA_{430nm} 达到最大峰值；表明 Zn^{2+} 在 THF/CH_3OH 溶液体系中，与 **1a** 形成 1∶1（[Host]/[Guest]）的热力学稳定配合物（图 2-17）。

Cd^{2+} 与 **1a** 相互作用的紫外-可见光光谱 Job's plot 中，[Guest]/[Host]+[Guest] 达到 0.4 时，ΔA_{430nm} 达到最大峰值。由此说明 Cd^{2+} 在 THF/CH_3OH 溶液体系中，可与 **1a** 形成 2∶3（[Host]/[Guest]）的热力学稳定配合物（图 2-18）。

2.5.5　1a 与 Zn^{2+} 或 Cd^{2+} 相互作用的紫外-可见光谱滴定

保持 **1a** 浓度恒定为 2.00×10^{-5} mol/L，考察客体金属阳离子的增加对 **1a** 的

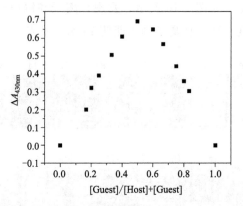

图 2-17　**1a** 和 Zn^{2+}（主-客体总浓度保持为 4.00×10^{-5} mol/L）相互作用的紫外-可见光 Job's plot（溶剂为 THF/CH_3OH，1/9，体积比）

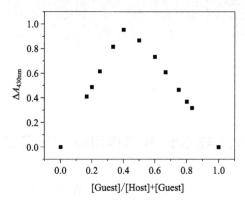

图 2-18　**1a** 和 Cd^{2+}（主-客体总浓度保持为 4.00×10^{-5} mol/L）相互作用的紫外-可见光 Job's plot（溶剂为 THF/CH_3OH，1/9，体积比）

紫外吸收光谱的影响。通过 Hyperquad 2003 软件对实验数据进行非线性拟合，计算得到主客体结合常数（图 2-19～图 2-22）。

如图 2-19 和图 2-20 所示，在 **1a** 的 THF/CH_3OH 和 THF/H_2O 溶液中，随着客体 Zn^{2+} 浓度的不断递加，**1a** 在 375nm 处对应的最大吸收峰强度逐渐减弱；而在 430nm 处出现新的吸收峰，且吸收强度逐渐增强，在 397nm 处存在一个等吸收点［图 2-19(a) 与图 2-20(a)］。

如图 2-21 和图 2-22 所示，在 **1a** 的 THF/CH_3OH 和 THF/H_2O 溶液中，随着 Cd^{2+} 浓度的不断递加，**1a** 在 378nm 处对应的最大吸收峰强度逐渐减弱；在 434nm 处出现新的吸收峰，且逐渐增强，在 397nm 处存在一个等吸收点［图 2-21(a) 和图 2-22(a)］。

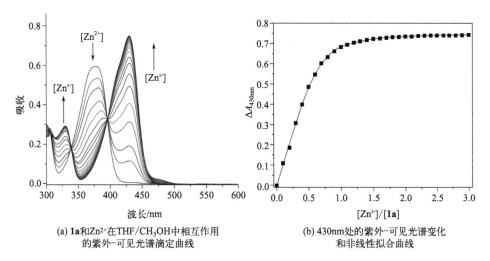

(a) **1a**和Zn^{2+}在THF/CH_3OH中相互作用的紫外-可见光谱滴定曲线

(b) 430nm处的紫外-可见光谱变化和非线性拟合曲线

图 2-19 **1a**（2.00×10^{-5} mol/L）和 Zn^{2+}（0 至 6.00×10^{-5} mol/L）在 THF/CH_3OH（1/9，体积比）中相互作用的紫外-可见光谱滴定曲线以及 430nm 处的紫外-可见光谱变化（以方点表示）和非线性拟合曲线（以线表示）[以 Hyperquad 2003 程序非线性拟合计算主客体 1∶1（H/G）结合常数为 $\log K_{a1}=6.8(4)$、$\log K_{a2}=5.0(4)$、$\log K_{a3}=4.8(4)$]

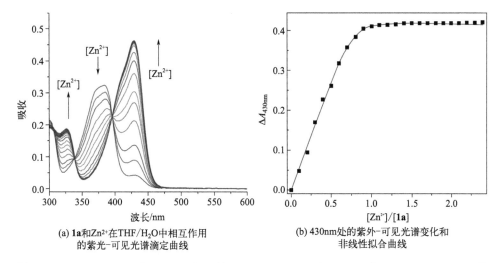

(a) **1a**和Zn^{2+}在THF/H_2O中相互作用的紫光-可见光谱滴定曲线

(b) 430nm处的紫外-可见光谱变化和非线性拟合曲线

图 2-20 **1a**（2.00×10^{-5} mol/L）和 Zn^{2+}（0 至 4.80×10^{-5} mol/L）在 THF/H_2O（8/2，体积比）中相互作用的紫外-可见光谱滴定曲线以及 430nm 处的紫外-可见光谱变化（以方点表示）和非线性拟合曲线（以线表示）[以 Hyperquad 2003 程序非线性拟合计算主客体 1∶1（H/G）结合常数为 $\log K_{a1}=7.8(5)$、$\log K_{a2}=5.9(5)$、$\log K_{a3}=4.2(4)$]

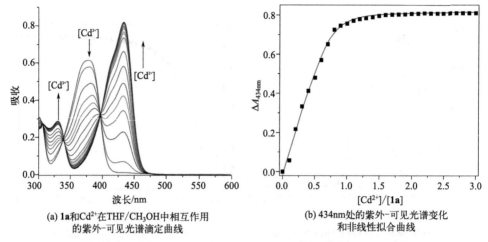

(a) 1a和Cd^{2+}在THF/CH_3OH中相互作用的紫外-可见光谱滴定曲线

(b) 434nm处的紫外-可见光谱变化和非线性拟合曲线

图 2-21　1a（$2.00×10^{-5}$ mol/L）和 Cd^{2+}（0 至 $6.00×10^{-5}$ mol/L）在 THF/CH_3OH（1/9，体积比）中相互作用的紫外-可见光谱滴定曲线以及 434nm 处的紫外-可见光谱变化（以方点表示）和非线性拟合曲线（以线表示）[以 Hyperquad 2003 程序非线性拟合计算主客体 1∶1（H/G）结合常数为 $\log K_{a1}=7.1$ (3)、$\log K_{a2}=5.3$ (3)、$\log K_{a3}=5.2$ (4)]

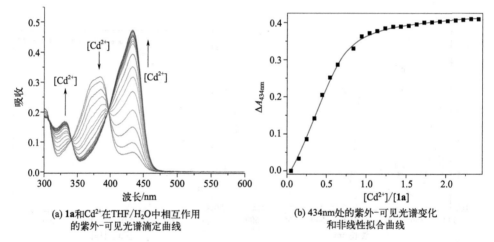

(a) 1a和Cd^{2+}在THF/H_2O中相互作用的紫外-可见光谱滴定曲线

(b) 434nm处的紫外-可见光谱变化和非线性拟合曲线

图 2-22　1a（$2.00×10^{-5}$ mol/L）和 Cd^{2+}（0 至 $4.80×10^{-5}$ mol/L）在 THF/H_2O（8/2，体积比）中相互作用的紫外-可见光谱滴定曲线以及 434nm 处的紫外-可见光谱变化（以方点表示）和非线性拟合曲线（以线表示）[以 Hyperquad 2003 程序非线性拟合计算主客体 1∶1（H/G）结合常数为 $\log K_{a1}=5.5$ (3)、$\log K_{a2}=5.3$ (4)、$\log K_{a3}=5.5$ (5)]

2.5.6　1a 与 Zn^{2+} 或 Cd^{2+} 相互作用的荧光光谱滴定

保持 1a 浓度恒定为 $2.00×10^{-5}$ mol/L，滴加客体 Zn^{2+} 或 Cd^{2+} 溶液，考察体

系荧光强度变化。通过非线性拟合,计算得主客体结合常数(图 2-23~图 2-26)。

如图 2-23 所示,在 **1a** 的 THF/CH$_3$OH 溶液中,随着客体 Zn^{2+} 浓度的不断递加,**1a** 的荧光光谱发生了蓝移,荧光强度不断增强。在 430nm 处产生了一个新的发射波峰图 2-23(a)。

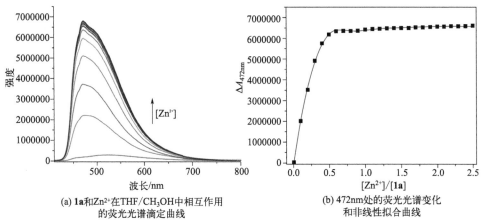

(a) **1a** 和 Zn^{2+} 在 THF/CH$_3$OH 中相互作用的荧光光谱滴定曲线

(b) 472nm 处的荧光光谱变化和非线性拟合曲线

图 2-23 **1a** (2.00×10^{-5} mol/L)和 Zn^{2+}(0 至 4.20×10^{-5} mol/L)在 THF/CH$_3$OH(1/9,体积比)中相互作用的荧光光谱滴定曲线($\lambda_{ex}=430$nm,入口狭缝宽度=5nm,出口狭缝宽度=5nm)以及 472nm 处的荧光光谱变化(以方点表示)和非线性拟合曲线(以线表示)[以 Hyperquad 2003 程序非线性拟合计算主客体 1:1(H/G)结合常数为 $\log K_{a1}=6.8$(4)、$\log K_{a2}=5.0$(4)、$\log K_{a3}=4.8$(4)]

如图 2-24 所示,在 **1a** 的 THF/H$_2$O 溶液中,随着客体 Zn^{2+} 浓度的不断递

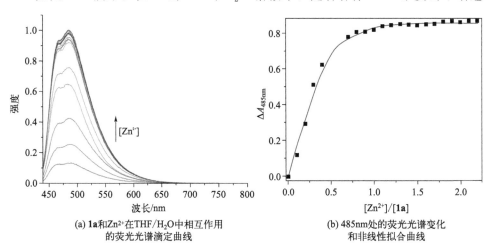

(a) **1a** 和 Zn^{2+} 在 THF/H$_2$O 中相互作用的荧光光谱滴定曲线

(b) 485nm 处的荧光光谱变化和非线性拟合曲线

图 2-24 **1a** (2.00×10^{-5} mol/L)和 Zn^{2+}(0 至 4.40×10^{-5} mol/L)在 THF/H$_2$O(8/2,体积比)中相互作用的荧光光谱滴定曲线($\lambda_{ex}=430$nm,入口狭缝宽度=5nm,出口狭缝宽度=5nm)以及 485nm 处的荧光光谱变化(以方点表示)和非线性拟合曲线(以线表示)[以 Hyperquad 2003 程序非线性拟合计算主客体 1:1(H/G)结合常数为 $\log K_{a1}=8.1$(6)、$\log K_{a2}=6.0$(5)、$\log K_{a3}=5.0$(5)]

加，**1a** 的荧光光谱强度增强，在 465nm 和 485nm 处出现两个新的发射波峰。

如图 2-25 所示，在 **1a** 的 THF/CH_3OH 溶液中，随着客体 Cd^{2+} 浓度的不断递加，**1a** 的荧光光谱发生了蓝移，光谱强度增强，在 434nm 处产生了一个新的发射波峰。

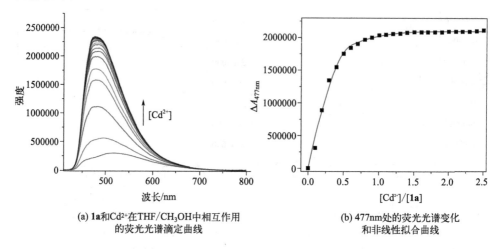

(a) **1a** 和 Cd^{2+} 在 THF/CH_3OH 中相互作用的荧光光谱滴定曲线

(b) 477nm 处的荧光光谱变化和非线性拟合曲线

图 2-25 **1a**（$2.00×10^{-5}$ mol/L）和 Cd^{2+}（0 至 $5.00×10^{-5}$ mol/L）在 THF/CH_3OH（1/9，体积比）中相互作用的荧光光谱滴定曲线（λ_{ex}=434nm，入口狭缝宽度=5nm，出口狭缝宽度=5nm）以及 477nm 处的荧光光谱变化（以方点表示）和非线性拟合曲线（以线表示）[以 Hyperquad 2003 程序非线性拟合计算主客体 1∶1（H/G）结合常数为 $\log K_{a1}$=7.1 (3)、$\log K_{a2}$=5.5 (4)、$\log K_{a3}$=3.8 (3)]

如图 2-26 所示，在 **1a** 的 THF/H_2O 溶液中，随着客体 Cd^{2+} 浓度的不断递加，**1a** 的荧光光谱强度增强。在 465nm 和 485nm 处出现了两个新的发射波峰，且强度逐渐增强。

2.5.7 1a 与 Zn^{2+} 或 Cd^{2+} 的滴定结合常数汇总

通过 Hyperquad 2003 程序非线性拟合计算 **1a** 与 Zn^{2+} 或 Cd^{2+} 的紫外-可见光光谱滴定和荧光滴定数据以获得滴定结合常数。此时主客体相互作用化学计量比根据 Job's plot 设定为 1∶1，化学平衡设定为 $\mathbf{1a}+M^{2+} \underset{}{\overset{K_{a1}}{\rightleftharpoons}} \mathbf{1a} \cdot M^{2+}$；当主客体相互作用化学计量比为 2∶1，所考察的化学平衡设定为 $\mathbf{1a}+\mathbf{1a} \cdot M^{2+} \underset{}{\overset{K_{a2}}{\rightleftharpoons}} \mathbf{1a}_2 \cdot M^{2+}$；所设立的计算模型中生成 1∶1 和 1∶2（[H]∶[G]）的主客体配合物，这两种配合物进一步结合转换为 3∶2（[H]∶[G]）的主客体配合物，即此处所考察的化学平衡设定为：$\mathbf{1a} \cdot M^{2+}+\mathbf{1a}_2 \cdot M^{2+} \underset{}{\overset{K_{a3}}{\rightleftharpoons}} \mathbf{1a}_3 \cdot (M^{2+})_2$。

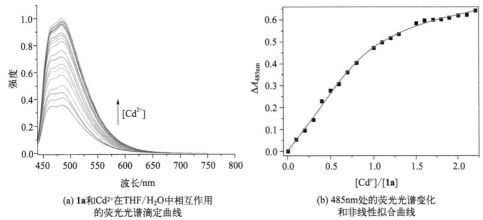

(a) 1a和Cd^{2+}在THF/H_2O中相互作用的荧光光谱滴定曲线

(b) 485nm处的荧光光谱变化和非线性拟合曲线

图 2-26 1a（$2.00×10^{-5}$ mol/L）和 Cd^{2+}（0 至 $4.40×10^{-5}$ mol/L）在 THF/H_2O（8/2，体积比）中相互作用的荧光光谱滴定曲线（$\lambda_{ex}=434$nm，入口狭缝宽度=5nm，出口狭缝宽度=5nm）以及 485nm 处的荧光光谱变化（以方点表示）和非线性拟合曲线（以线表示）

[以 Hyperquad 2003 程序非线性拟合计算主客体 1∶1（H/G）结合常数为 $\log K_{a1}$=5.9（4）、$\log K_{a2}$=5.1（5）、$\log K_{a3}$=5.0（5）]

以 Hyperquad 2003 程序进行非线性拟合，计算 **1a** 与 Zn^{2+} 或 Cd^{2+} 以主客体 1∶1（H/G）结合的结合常数。**1a** 与 Zn^{2+} 或 Cd^{2+} 的紫外可见光光谱和荧光滴定的系列滴定结合常数见表 2-6。纯有机相（THF/CH_3OH）的结合常数与加入不良溶剂水后的溶液体系（THF/H_2O）的结合常数相比较，数值和误差范围并无明显差别。说明 **1a** 与 Zn^{2+} 和 Cd^{2+} 在特定溶液体系中存在强相互作用具备一定的普适性。

表 2-6 滴定结合常数汇总表

金属离子	滴定结合常数	紫外		荧光	
		a	b	a	b
Zn^{2+}	$\log K_{a1}$	6.8(4)	7.8(5)	6.8(4)	8.1(6)
	$\log K_{a2}$	5.0(4)	5.9(5)	5.0(4)	6.0(5)
	$\log K_{a3}$	4.8(4)	3.2(4)	4.8(4)	5.0(5)
Cd^{2+}	$\log K_{a1}$	7.1(3)	5.5(3)	7.1(3)	5.9(4)
	$\log K_{a2}$	5.3(3)	5.3(4)	5.5(4)	5.1(5)
	$\log K_{a3}$	4.2(4)	5.5(5)	3.8(3)	5.0(5)

注：(a) THF/CH_3OH（1/9，体积比）；(b) THF/H_2O（8/2，体积比）。

2.5.8 1a 与 Zn^{2+} 或 Cd^{2+} 配合物的单晶 X 射线衍射分析

为了深入认识 **1a** 与 Zn^{2+} 或 Cd^{2+} 的作用模式，因此进行相关的配合物单晶培养。单晶样品培养步骤：向 **1a**（$5.00×10^{-3}$ mmol，2mL，二氯甲烷）溶液中加入 3 滴 N,N-二甲基甲酰胺,再加入 3mmol 高氯酸锌或镉固体。充分混合并反应半小时后,加水（5mL）洗涤,过滤收集不溶于水的固体。取干燥后的固体 1.00mg 溶于二氯甲烷/正己烷（5.00mL,1/1,体积比）,收集上层清液进行缓慢挥发,最终制得晶体样品。

由单晶结构分析可得,每个 **1a** 分子与 Zn^{2+} 或 Cd^{2+} 发生配合时,通过两个吡啶基和一个去质子化的二氢吡咯环作为"三氮配体"配合锌离子或镉离子。**1a** 通过金属中心周围的八面体配位环境与 Zn^{2+} 或 Cd^{2+} 相结合,配合物显中性（图 2-27,图 2-28）。

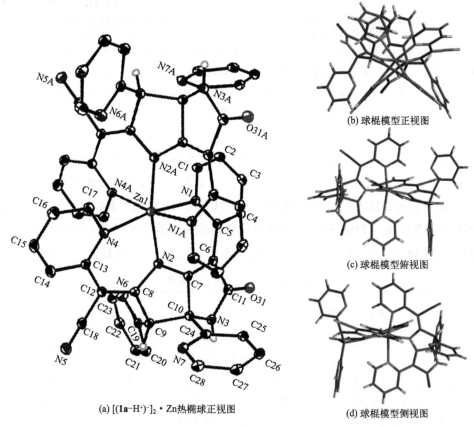

(a) $[(1a-H^+)^-]_2 \cdot Zn$ 热椭球正视图

(b) 球棍模型正视图

(c) 球棍模型俯视图

(d) 球棍模型侧视图

图 2-27　**1a** 和 Zn^{2+} 形成的晶体 $[(1a-H^+)^-]_2 \cdot Zn$ 热椭球正视图及其球棍模型正视图、俯视图和侧视图（其中热椭球图呈现 25％电子密度）

为使结构明晰,省略部分氢原子和溶剂分子。以下原子间距 [Å]（$1Å=10^{-10}m$）：$N(1)\cdots Zn(1)$ 2.41(2),$N(1A)\cdots Zn(1)$ 2.41(2),$N(2)\cdots Zn(1)$ 2.03(8),$N(2A)\cdots Zn(1)$ 2.03(8),$N(4)\cdots Zn(1)$ 2.21(7),$N(4A)\cdots Zn(1)$ 2.21(7);配位键角：$N(1)\cdots Zn(1)\cdots N(1A)$ 97.2(6)°,$N(1)\cdots Zn(1)\cdots N(2)$ 82.9(3)°,$N(1)\cdots Zn(1)\cdots N(2A)$ 89.6(3)°,$N(1)\cdots Zn(1)\cdots N(4A)$ 90.5(2)°,$N(1A)\cdots Zn(1)\cdots N(2)$ 89.6(3)°,$N(1A)\cdots Zn(1)\cdots N(2A)$ 82.9(3)°,$N(1A)\cdots Zn(1)\cdots N(4)$ 90.5(2)°,$N(2)\cdots Zn(1)\cdots N(4)$ 85.3(2)°,$N(2)\cdots Zn(1)\cdots N(4A)$ 103.1(0)°,$N(2A)\cdots Zn(1)\cdots N(4)$ 103.1(0)°,$N(4A)\cdots Zn(1)\cdots N(4)$ 84.4(7)°,$N(4A)\cdots Zn(1)\cdots N(2A)$ 85.3(2)°。单晶结构佐证 **1a** 通过金属中心周围的八面体配位结合 Zn^{2+}。

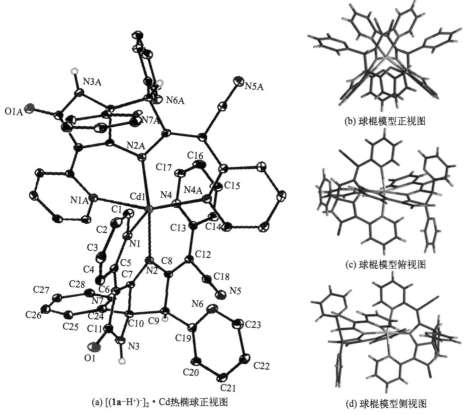

(a) [(1a-H⁺)⁻]₂·Cd 热椭球正视图
(b) 球棍模型正视图
(c) 球棍模型俯视图
(d) 球棍模型侧视图

图 2-28 1a 和 Cd^{2+} 形成的晶体 $[(1a\text{-}H^+)^-]_2 \cdot Cd$ 热椭球正视图及其球棍模型正视图、俯视图和侧视图（其中热椭球图呈现 25% 电子密度）

为使结构明晰，省略部分氢原子和溶剂分子。以下原子间距 [Å]：N(1)⋯Cd(1)2.46(4)，N(1A)⋯Cd(1)2.46(4)，N(2)⋯Cd(1)2.20(5)，N(2A)⋯Cd(1)2.20(5)，N(4)⋯Cd(1)2.39(9)，N(4A)⋯Cd(1)2.39(9)；配位键角：N(1)⋯Cd(1)⋯N(1A)97.5(0)°，N(1)⋯Cd(1)⋯N(2)81.7(9)°，N(1)⋯Cd(1)⋯N(2A)93.4(6)°，N(1)⋯Cd(1)⋯N(4A)92.5(1)°，N(1A)⋯Cd(1)⋯N(2)93.4(6)°，N(1A)⋯Cd(1)⋯N(2A)81.7(9)°，N(1A)⋯Cd(1)⋯N(4)92.5(2)°，N(2)⋯Cd(1)⋯N(4)80.1(5)°，N(2)⋯Cd(1)⋯N(4A)105.3(3)°，N(2A)⋯Cd(1)⋯N(4)105.3(3)°，N(4A)⋯Cd(1)⋯N(4)83.6(8)°，N(4A)⋯Cd(1)⋯N(2A)80.1(5)°。单晶结构佐证 1a 通过金属中心周围的八面体配位结合 Cd^{2+}。

2.6 1a 的质子化研究

2.6.1 1a 的质子滴定光谱研究

为了探究 1a 分子与质子之间的相互作用。进行了如下滴定实验：在 1a 的二氯甲烷溶液中，随着客体 H^+ 浓度的不断递加，**1a** 在 365nm 处对应的最大吸收强度逐渐减弱；而在 480nm 处则出现一个新的吸收峰，且吸收强度不断递增。在 405nm 处存在一个等吸收点。**1a**（溶于二氯甲烷）的荧光光谱，随着 [H^+] 的不断增加，荧光强度先增强后减弱，吸收峰的峰形未发生明显改变，在 515nm 处存在一个最大发射峰。综合以上滴定分析，说明 **1a** 在二氯甲烷溶液中对质子存在着一定的响应（图 2-29）。

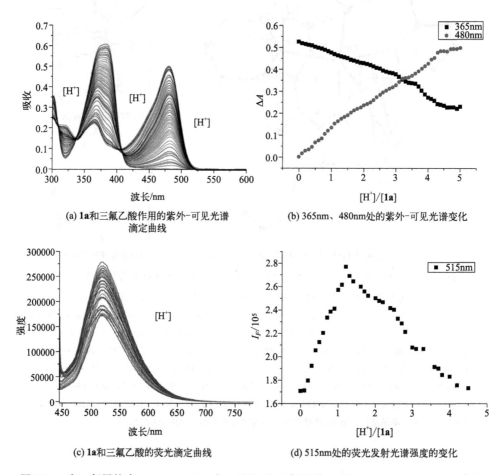

(a) **1a** 和三氟乙酸作用的紫外-可见光谱滴定曲线

(b) 365nm、480nm 处的紫外-可见光谱变化

(c) **1a** 和三氟乙酸的荧光滴定曲线

(d) 515nm 处的荧光发射光谱强度的变化

图 2-29　在二氯甲烷中 **1a**（2.00×10^{-5} mol/L）和三氟乙酸（0 至 1.00×10^{-4} mol/L）作用的紫外-可见光谱滴定曲线、(B) 365nm、480nm 处的紫外-可见光谱变化、**1a**（2.00×10^{-5} mol/L）和三氟乙酸（0 至 9.00×10^{-5} mol/L）在二氯甲烷中的荧光滴定曲线（$\lambda_{ex}=430$nm，入口狭缝宽度=5nm，出口狭缝宽度=5nm）以及 515nm 处的荧光发射光谱强度的变化

2.6.2 1a 的质子化晶体研究

1a 的质子化单晶样品培养如下：取 **1a**（1.00mg）固体，溶于混合溶剂二氯甲烷/丙酮（1/1，体积比，3.00mL）中。加入 15.0μL 盐酸（12.0mol/L），缓慢挥发获得质子化晶体 $(4H^+ \cdot \mathbf{1a})_2 \cdot 8Cl^- \cdot HCl \cdot 6H_2O$。

单晶 $(4H^+ \cdot \mathbf{1a})_2 \cdot 8Cl^- \cdot HCl \cdot 6H_2O$ 的结构表明，**1a** 可通过四吡啶基团分别与质子结合，发生四质子化反应（图 2-30）。

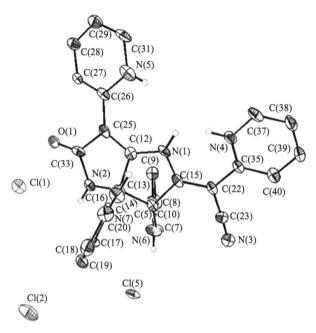

图 2-30 $(4H^+ \cdot \mathbf{1a})_2 \cdot 8Cl^- \cdot HCl \cdot 6H_2O$ 的热椭球图（其中热椭球图呈现 25% 电子密度）为使结构明晰，省略部分氢原子和溶剂分子。

2.7 1a 的荧光发射性能研究

2.7.1 不同配比水/四氢呋喃溶液下的 1a 荧光发光

如图 2-31 所示：最左侧为 **1a** 的四氢呋喃溶液，随着不良溶剂水的比例不断增加，1a 的混合溶液体系由蓝色荧光变为黄色荧光。说明不良溶剂水的加入可以改变 1a 的发光（注：溶液体积固定为 1.5mL）。

图 2-31 365nm 下 1a ($2.00×10^{-3}$ mol/L) 在 THF/H_2O 混合溶剂的荧光发光 [从左到右 THF 与水的配比（体积比）依次为 10/0、9/1、8/2、7/3、6/4、5/5、4/6、3/7、2/8、9/1、5/95]

（见文前彩插）

2.7.2 不同配比水/四氢呋喃溶液下的 1a 的紫外-可见吸收光谱

1a 在四氢呋喃/水混合溶液中的紫外可见光吸收光谱图。如图 2-32 所示，随着水的比例不断增加，最大吸收峰波长发生了红移，由原来的 370nm 移动至 380nm 处，对应的紫外吸收强度也不断减弱。在 434nm 处产生了一个新的紫外吸收峰，403nm 处为等吸收点。

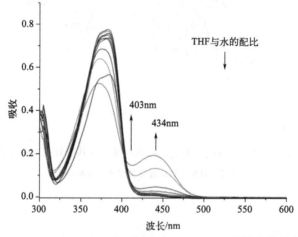

图 2-32 1a ($2.00×10^{-3}$ mol/L) 在不同配比 THF/H_2O 的混合溶剂中的紫外-可见吸收光谱 [THF 与水的不同配比（体积比）为 10/0、9/1、8/2、7/3、6/4、5/5、4/6、3/7、2/8、9/1、5/95]

2.7.3 不同溶剂中 1a 的荧光性能研究

为了探究不同溶剂对 1a 的荧光发光的影响。测定了系列溶剂体系中 1a 的荧光光谱和紫外可见光吸收光谱。

图 2-33 和图 2-34 分别为 **1a** 的四氢呋喃和四氢呋喃/水（5/95，体积比）溶液体系的荧光激发光谱和发射光谱。四氢呋喃中，**1a** 最大激发峰对应的波长为 435nm，两个发射峰对应的波长分别为 465nm 和 485nm。四氢呋喃/水体系中，**1a** 最大激发峰对应的波长为 475nm，最大发射峰对应的波长为 508nm。由此进一步说明，不良溶剂水的加入会使 **1a** 的荧光发生红移。

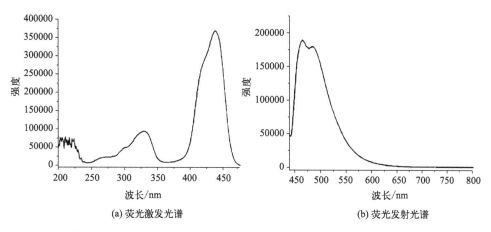

图 2-33 **1a**（$2.00×10^{-5}$ mol/L，四氢呋喃）的荧光激发和发射光谱
（$\lambda_{ex}=437$nm，$\lambda_{em}=485$nm；入口狭缝宽度=5nm，出口狭缝宽度=5nm）

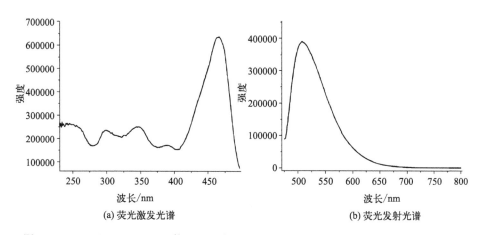

图 2-34 THF/H_2O（5/95，体积比）中，**1a**（$2.00×10^{-5}$ mol/L）的荧光激发和发射光谱（$\lambda_{ex}=467$nm，$\lambda_{em}=508$nm；入口狭缝宽度=5nm，出口狭缝宽度=5nm）

图 2-35～图 2-40，为 **1a** 的甲醇、二氯甲烷、DMF、二甲基 DMSO、氯仿和乙腈的紫外可见光吸收光谱和荧光发射光谱（饱和溶液，298K）。紫外可见光吸

收光谱表明，**1a** 在甲醇和乙腈饱和溶液中，吸收强度较大；而 **1a** 的其他饱和溶液则吸收强度较弱。

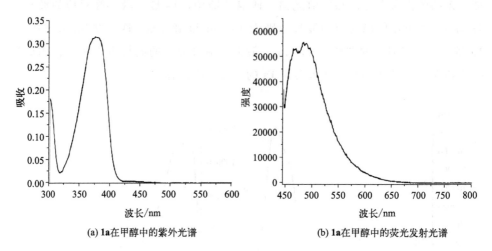

图 2-35　甲醇中，**1a**（$2.00\times10^{-5}\,\mathrm{mol/L}$）的紫外光谱（a）和荧光发射（b）光谱（$\lambda_{ex}=435\,\mathrm{nm}$，$\lambda_{em}=485\,\mathrm{nm}$；入口狭缝宽度＝5nm，出口狭缝宽度＝5nm）

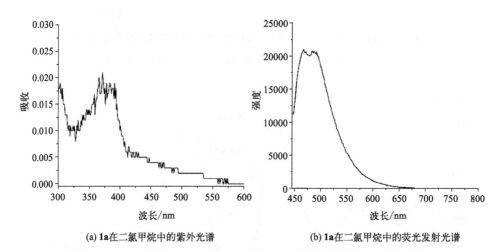

图 2-36　二氯甲烷中，**1a** 的紫外光谱和荧光发射光谱（$\lambda_{ex}=435\,\mathrm{nm}$，$\lambda_{em}=485\,\mathrm{nm}$；入口狭缝宽度＝5nm，出口狭缝宽度＝5nm）

荧光光谱表明，**1a** 的甲醇、二氯甲烷、DMF、DMSO、氯仿和乙腈饱和溶液的荧光发射光谱峰形一致，最大发射峰对应的波长在 465 和 485nm 之间。荧光量子产率在不同的溶剂中无明显差别（表 2-7）。说明 **1a** 在不同溶剂中发光效应相类似，其荧光发光受溶剂影响较小。

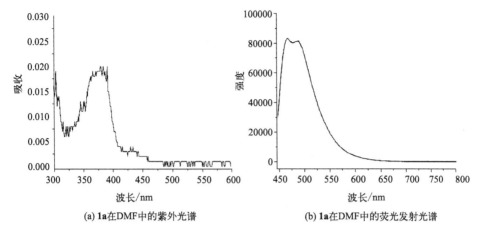

(a) 1a在DMF中的紫外光谱　　(b) 1a在DMF中的荧光发射光谱

图 2-37　DMF 中，**1a** 的紫外光谱和荧光发射光谱（$\lambda_{ex}=435$nm，$\lambda_{em}=485$nm；入口狭缝宽度=5nm，出口狭缝宽度=5nm）

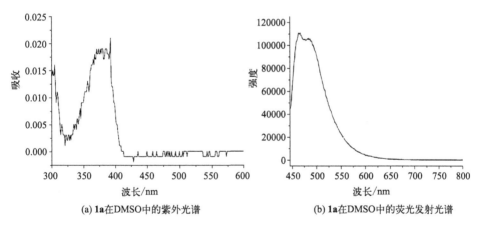

(a) 1a在DMSO中的紫外光谱　　(b) 1a在DMSO中的荧光发射光谱

图 2-38　DMSO 中，**1a** 的紫外光谱和荧光发射光谱（$\lambda_{ex}=435$nm，$\lambda_{em}=485$nm；入口狭缝宽度=5nm，出口狭缝宽度=5nm）

表 2-7　**1a** 在不同溶剂中的荧光量子产率汇总

溶剂	荧光量子产率(Φ)	溶剂	荧光量子产率(Φ)
四氢呋喃	0.136[21]	DMF	0.131
四氢呋喃/水①	0.127[22]	DMSO	0.140
甲醇②	0.129	氯仿	0.128
二氯甲烷	0.127	乙腈	0.135

① 四氢呋喃/水（95/5，体积比）。
② 298K，饱和溶液。

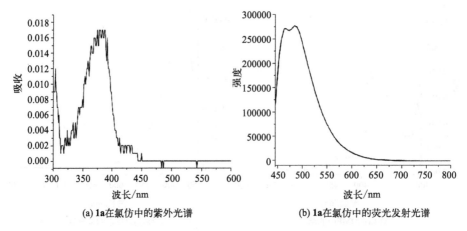

图 2-39　氯仿中，**1a** 的紫外光谱和荧光发射光谱（$\lambda_{ex}=435$nm，$\lambda_{em}=485$nm；入口狭缝宽度＝5nm，出口狭缝宽度＝5nm）

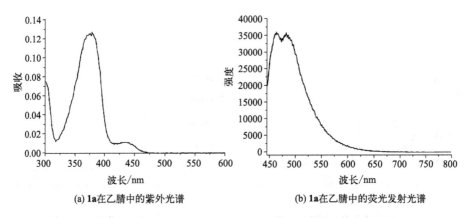

图 2-40　乙腈中，**1a** 的紫外光谱和荧光发射光谱（$\lambda_{ex}=435$nm，$\lambda_{em}=485$nm；入口狭缝宽度＝5nm，出口狭缝宽度＝5nm）

2.8　1a 的固态荧光性能研究

2.8.1　1a 的固态荧光光谱

为了探究 **1a** 的固态发光性质，进行了固态荧光和固态荧光寿命的测试。如

图 2-41 所示，**1a** 的固态激发和发射光谱，在波长 434nm 处存在荧光激发峰，最大发射峰对应的波长为 560nm。而固态荧光寿命在 450nm 的激发下，荧光寿命为 1.10ns（图 2-42）。**1a** 的固态荧光量子产率为 0.111，说明 **1a** 固态也存在着良好的荧光发光特性。

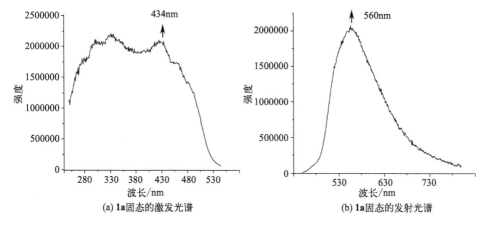

图 2-41 **1a** 固态的激发和发射光谱（$\lambda_{ex}=430$nm，$\lambda_{em}=560$nm；入口狭缝宽度=5nm，出口狭缝宽度=10nm）

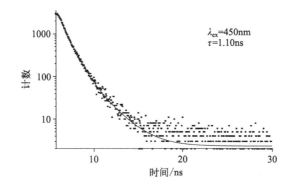

图 2-42 **1a** 固态在 $\lambda_{ex}=450$nm 激发后的时间分辨衰减曲线（$\tau=1.10$ns）

2.8.2 1a 液相及固态的荧光发射研究比较

如图 2-43 所示，**1a** 在四氢呋喃、四氢呋喃/水（5/95，体积比）和固体荧光发射光谱，最大发射峰对应的波长按序发生了明显的红移。其原因可能是 **1a** 分子形成了二聚体结构。最大发射对应的波长位置（分别为 465nm、508nm 及 560nm）与 **1a** 在四氢呋喃溶液中发射蓝色荧光，在四氢呋喃/水溶液中发射黄绿色荧光，以及在固态发射黄色荧光一致。说明 **1a** 分子在稀溶液状态和固态中均展现出的良好的荧光发光效应。因此可作为双态发光分子（DSEgens）。目前在已有报道中，ACQ 分子仅在稀溶液状态下发光。而 AIE 分子大部分在聚集状态下发光。因此既能在稀溶液状态下又能在聚集状态下发光，尤其是在固态下发光的分子则称之为 DSE 分子。到目前为止，对于双态发光分子的研究仍然处于起步阶段，但认为 DSE 分子是荧光材料开发的方向之一。

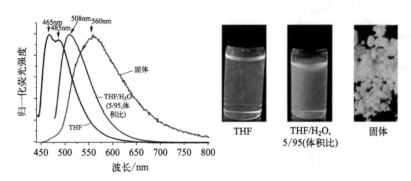

图 2-43　**1a** 在 THF、THF/H_2O（5/95，体积比）和固体中的归一化荧光发射光谱及在 365nm 下的发光（见文前彩插）

2.9　实验部分

2.9.1　试剂和仪器

所有溶剂、试剂和氘代溶剂均购自商业供应商，包括 Innochem、Hwrk Chem、Energy Chemical 和 Cambridge Isotope Laboratories［注：所用反应溶剂均为分析纯试剂（AR），个别专用试剂已标注］。使用石油醚（PE，沸点 60～90℃）/乙酸乙酯（EA）混合物作为洗脱剂，以 200～300 目硅胶粉进行柱层析。所有反应均采用油浴加热。

核磁共振谱图（NMR）通过 Bruker AVANCE 400、400 JNM-ECZ 400S 或 600 JNM-ECZ 400S 核磁共振波谱仪上记录，包括了 ^{1}H 和 ^{13}C NMR 谱。所用的氘代试剂均来自剑桥同位素实验室（Cambridge Isotope Laboratories，CIL）。^{1}H 和 ^{13}C NMR 化学位移参考残留溶剂信号［DMSO-d_6：δ H 2.49，δ C 39.6；氯仿-d（CDCl$_3$）：δ H 7.26，δ C 77.16］。^{1}H NMR 数据报告如下：化学位移

(δ)、多重性（s＝单峰、d＝双峰、t＝三重峰、q＝四重峰、m＝多峰、b＝宽、ap＝表观）、耦合常数（Hz）、^{13}C NMR 以化学位移为准。高分辨率质谱（HMRS）在 Bruker Solarix XR FTMS 光谱仪或 AB SCIEX Triple TOF 5600＋仪器上检测。紫外-可见光谱和荧光光谱在 Shimadzu UV-2450、Edinburgh Instruments FS5 和 FLS980 上测量。荧光量子产率在 HAMAMATSU Quantaurus-QY 上测量。

用于获得 X 射线衍射结构的单晶生长为无色棱镜/板、黄色板、透明浅黄色或金色棱镜。使用丙酮/HCl 或 DCM/正己烷作为溶剂，通过缓慢挥发获得衍射级晶体。通过 X 射线衍射方法分析这些晶体。数据是在 XtalLAB Synergy 或 SuperNova、Cu at home/near、AtlasS2 上收集的。使用 CrysAlisPro (Rigaku OD) 进行数据缩减。使用 SHELXL-2014 或 SHELXL-2018/3，通过 F2 上的全矩阵最小二乘法和非 H 原子的各向异性位移参数来细化结构。氢原子在理想化位置计算，各向同性位移参数设置为连接原子的 $1.2\times U_{eq}$（甲基氢原子为 $1.5\times U_{eq}$）。用于计算线性吸收系数的中性原子散射因子来自国际 X 射线晶体学表（1992）[23]。所有的椭球图形都是使用 SHELXTL/PC 生成的[24]。位置和热参数、键长和角度、扭转角、观察和计算的结构因子的图表和列表位于剑桥晶体学中心提供的 .cif 文件中，可以通过引用参考文献获得。

2.9.2 化合物 1 与 2 的合成过程和表征

2.9.2.1 化合物 2 的表征

化合物 **2** 的分析数据如下：

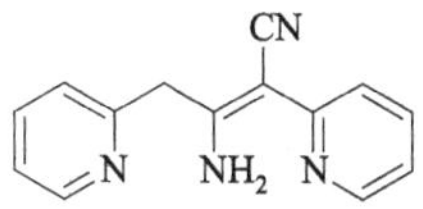

2a

(*E*)-3-氨基-2,4-二(吡啶-2-基)-2-烯腈 (**2a**)：2-吡啶乙腈作为反应底物（柱层析洗脱剂，EA/PE，1/3，体积比），白色固体（产率为 95%），熔点为 124.5～124.9℃。^{1}H NMR（400MHz，DMSO-d_6）δ：10.54（s，1H），8.50～8.48（m，1H），8.42～8.40（m，1H），8.15（s，1H），7.77～7.70（m，2H），7.35（d，$J=8.0$Hz，1H），7.28（d，$J=8.4$Hz，1H），7.27～7.24（m，1H），7.04～7.01（m，1H），3.98（s，2H）。^{13}C{^{1}H} NMR（100MHz，DMSO-d_6）δ：163.4，157.0，156.9，149.8，147.7，137.6，137.5，123.5，

122.7，122.0，119.2 118.9，76.8，43.9。HRMS（ESI）m/z：[M+Na]$^+$·计算得到 $C_{14}H_{12}N_4Na$ 259.0960；测试得到 259.0964。数据与文献一致[25]。

(E)-3-氨基-2,4-双(5-溴吡啶-2-基)-2-烯腈（2b）：2-乙腈基-5-溴吡啶（1.00mmol）作为反应底物（柱层析洗脱剂，EA/PE，1/6，体积比），棕色固体（产率为85%），熔点为 188.4~188.9℃。^{1}H NMR（400MHz，DMSO-d_6）δ：10.34（s，1H），8.77（s，1H），8.66（s，1H），8.50（s，1H），8.16（d，J=7.2Hz，1H），8.07（d，J=7.6Hz，1H），7.49（d，J=5.6Hz，1H），7.37（d，J=6.0Hz，1H），4.12（s，2H）。^{13}C{1H} NMR（100MHz，DMSO-d_6）δ：163.4，155.9，155.6，150.4，148.3，140.1，125.5，121.6，121.0，119.1，113.8，76.5，43.4。HRMS（ESI）m/z：[M+H]$^+$·计算得到 $C_{14}H_{11}Br_2N_4$ 392.9350；测试得到 392.9349。

(E)-3-氨基-2,4-双(5-氯吡啶-2-基)-2-烯腈（2c）：2-乙腈基-5-氯吡啶（1.00mmol）作为反应底物（柱层析洗脱剂，EA/PE，1/6，体积比），黄色固体（产率为83%），熔点为 178.2~178.9℃。^{1}H NMR（400MHz，CDCl$_3$）δ：10.37（s，1H），8.50（s，1H），8.31（s，1H），7.67~7.65（m，1H），7.60~7.58（m，1H），7.47（d，J=5.6Hz，1H），7.40（d，J=5.6Hz，1H），6.63（s，1H）4.05（s，2H）。^{13}C{1H} NMR（100MHz，DMSO-d_6）δ：168.2，161.8，161.6，154.5，152.4，142.4，142.3，128.2，127.4，126.8，123.9，123.6，81.6，48.7。HRMS（ESI）m/z：[M+H]$^+$·计算得到 $C_{14}H_{11}Cl_2N_4$ 305.0361；测试得到 305.0359。

(E)-3-氨基-2,4-双(6-甲基吡啶-2-基)-2-烯腈（2d）：2-乙腈基-6-甲基吡啶（1.00mmol）作为反应底物（柱层析洗脱剂，EA/PE，1/8，体积比），黄色固体（产率为80%），熔点为161.1~161.7℃。^{1}H NMR（400MHz，CDCl3）δ：10.90（s，1H），7.57~7.52（m，2H），7.35（d，$J = 4.2$Hz，1H），7.24（d，$J = 4.8$Hz，1H），7.07（d，$J = 4.2$Hz，1H），6.94（s，1H），6.81（d，$J = 4.8$Hz，1H），4.06（s，2H），2.56（s，3H），2.46（s，3H）。^{13}C{^{1}H} NMR（100MHz，CDCl3）δ：161.9，158.2，156.0，155.6，155.5，137.6，136.9，122.2，122.0，121.0，118.0，117.2，77.6，42.6，24.6，24.4。HRMS（ESI）m/z：[M+H]$^+$·计算得到 $C_{16}H_{17}N_4$ 265.1453；测试得到265.1450。

(E)-3-氨基-2,4-双(6-溴吡啶-2-基)丁-2-烯腈 (2e)：2-乙腈基-6-溴吡啶（1.00mmol）作为反应底物（柱层析洗脱剂，EA/PE，1/8，体积比），黄色固体（产率为82%），熔点为201.0~201.5℃。^{1}H NMR（400MHz，CDCl$_3$）δ：10.05（s，1H），7.56~7.54（m，1H），7.50~7.48（m，1H），7.46~7.42（m，2H），7.13（d，$J = 4.2$Hz，1H），4.05（s，2H）。^{13}C{^{1}H} NMR（100MHz，CDCl$_3$）δ 161.2，157.0，156.9，141.7，139.8，139.0，138.9，127.2，122.9，122.6，121.0 118.7，77.6，42.7。HRMS（ESI）m/z：[M+Na]$^+$·计算得到 $C_{14}H_{12}Br_2N_4Na$ 392.9350；测试得到392.9348。

(E)-3-氨基-2,4-双(5-溴-3-甲基吡啶-2-基)丁-2-烯腈 (2f)：2-乙腈基-3-甲基-5-溴吡啶（1.00mmol）作为反应底物（柱层析洗脱剂，EA/PE，1/8，体积比），浅黄色固体（产率82%），熔点为134.1~134.8℃。^{1}H NMR（400MHz，CDCl$_3$）δ：8.45（d，$J = 2.0$Hz，1H），8.32（d，$J = 2.4$Hz，1H），7.69（d，$J = 1.6$Hz，1H），7.61（d，$J = 2.0$Hz，1H），4.13（s，2H），2.51（d，$J = 8.4$Hz，6H）。^{13}C{^{1}H} NMR（100MHz，CDCl$_3$）δ：160.9，153.2，151.9，147.4，145.9，141.9，141.5，133.1，121.6，121.4，119.7，116.5，94.3，38.3，20.9，19.2。HRMS（ESI）m/z：[M+H]$^+$·计算得到 $C_{16}H_{15}Br_2N_4$ 420.9663；测试得到420.9664。

(E)-3-氨基-2,4-二(吡啶-3-基)丁-2-烯腈 (2g)：3-吡啶乙腈 （1.00mmol）作为反应底物（柱层析洗脱剂，EA/PE，1/1，体积比），白色固体（产率为72%），熔点为：161.7~162.5℃。^{1}H NMR （400MHz，CDCl$_3$）δ：8.68 (s, 1H)，8.60~8.58 (m, 2H)，8.53~8.52 (m, 1H)，7.76~7.73 (m, 2H)，7.37~7.33 (m, 2H)，4.69 (s, 2H)，3.96 (s, 2H)。^{13}C {1H} NMR （100MHz，CDCl$_3$）δ：157.4，149.8，149.6，148.9，148.4，136.6，136.5，131.9，129.7，124.3，123.2，121.2，78.9，37.4。HRMS (ESI) m/z：[M+H]$^+$·计算得到 C$_{14}$H$_{13}$N$_4$ 237.1140；测试得到 237.1138。

(E)-3-氨基-2,4-二(吡啶-4-基)丁-2-烯腈 (2h)：4-吡啶乙腈 （1.00mmol）作为反应底物（柱层析洗脱剂，EA/PE，1/1，体积比），粉红色固体（产率为70%），熔点为 197.1~197.6℃。^{1}H NMR （400MHz，DMSO-d_6）δ：8.53 (d, J=6.0Hz, 2H)，8.47 (d, J=6.4Hz, 2H)，7.54 (s, 2H)，7.39 (d, J=6.0Hz, 2H)，7.31~7.30 (m, 2H)，3.80 (s, 2H)。^{13}C {1H} NMR （100MHz，DMSO-d_6）δ：160.3，150.5，150.4，150.2，146.4，142.7，124.1，123.8，122.4，122.3，121.8，76.1。HRMS (ESI) m/z：[M+H]$^+$·计算得到 C$_{14}$H$_{13}$N$_4$ 237.1140；测试得到 237.1136。

(E)-3-氨基-2,4-二(吡嗪-2-基)丁-2-腈 (2i)：2-吡嗪乙腈 （1.00mmol）作为反应底物（柱层析洗脱剂，EA/PE，1/2，体积比），红色固体（产率为69%），熔点为 221.0~221.6℃。^{1}H NMR （600MHz，CDCl$_3$）δ：10.30 (s, 1H)，8.87 (s, 1H)，8.77 (s, 1H)，8.55 (d, J=22.8Hz, 2H)，8.26 (d, J=25.8Hz, 2H)，6.74 (s, 1H)，4.16 (s, 2H)。^{13}C {1H} NMR （150MHz，CDCl$_3$）δ：161.9，151.6 (d, J=84.0Hz)，145.4，144.1 (d, J=39.0Hz)，

142.8，140.6，139.0，119.9，79.5，39.9。HRMS（ESI）m/z：$[M+H]^+$·计算得到 $C_{12}H_{11}N_6$ 239.1045；测试得到 239.1037。

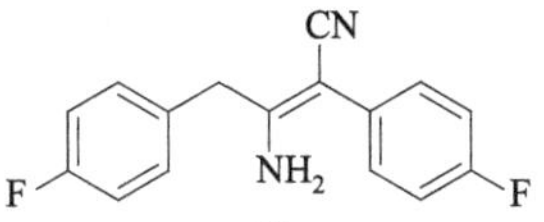

(*E*)-3-氨基-2,4-双(4-氟苯基)丁-2-腈 (**2j**)：对氟苯乙腈（1.00mmol）作为反应底物（柱层析洗脱剂，EA/PE，1/1，体积比），浅黄色液体（产率为 47%）。^1H NMR（400MHz，CDCl₃）δ：7.35~7.32（m，5H），7.26~7.24（m，3H），4.53（s，2H），3.71（s，2H）。HRMS（ESI）m/z：$[M+H]^+$·计算得到 $C_{16}H_{11}N_2F_2$ 269.0895；测试得到 269.0898。数据与文献一致[25]。

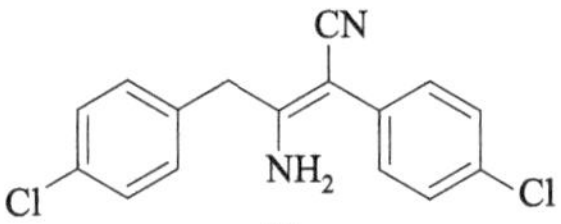

(*E*)-3-氨基-2,4-双(4-氯苯基)丁-2-腈 (**2k**)：对氯苯乙腈（1.00mmol）作为反应底物（柱层析洗脱剂，EA/PE，1/1，体积比），黄色液体（产率为 56%）。^1H NMR（400MHz，CDCl₃）δ：7.34~7.30（m，5H），7.29~7.28（m，1H），7.25~7.24（m，1H），7.22~7.21（m，1H），4.68（s，2H），3.70（s，2H）。HRMS（ESI）m/z：$[M+H]^+$·计算得到 $C_{16}H_{13}N_2Cl_2$ 303.0450；测试得到 303.0452。数据与文献一致[25]。

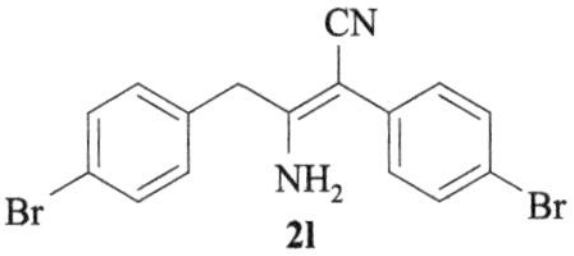

(*E*)-3-氨基-2,4-双(4-溴苯基)丁-2-烯腈 (**2l**)：对溴苯乙腈（1.00mmol）作为反应底物（柱层析洗脱剂，EA/PE，1/1，体积比），无色透明液体（产率为 71%）。^1H NMR（400MHz，CDCl₃）δ：7.49~7.48（m，2H），7.47~7.46（m，2H），7.26~7.23（m，1H），7.19~7.16（m，3H），4.65（s，2H），3.67（s，2H）。HRMS（ESI）m/z：$[M+H]^+$·计算得到 $C_{16}H_{11}N_2Br_2$ 388.9294；测试得到 388.9306。数据与文献一致[25]。

2.9.2.2 化合物 1 及反应相关化合物的表征

化合物 **1** 的优化合成方法如图 2-44 所示。

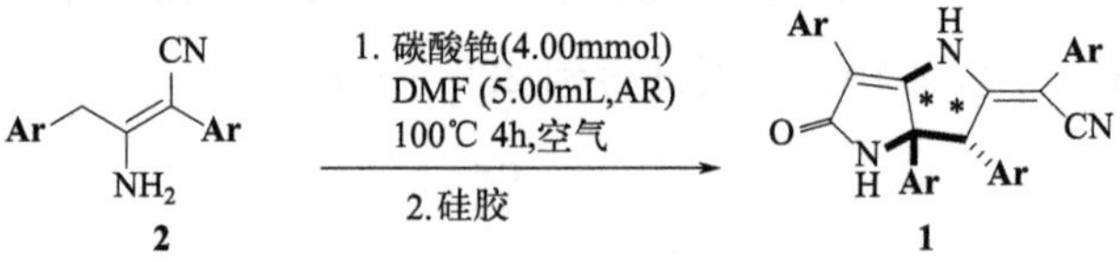

图 2-44 化合物 1 的优化合成方法示意图

化合物 **1a-d**，Ⅰ，Ⅱ 的分析数据如下：

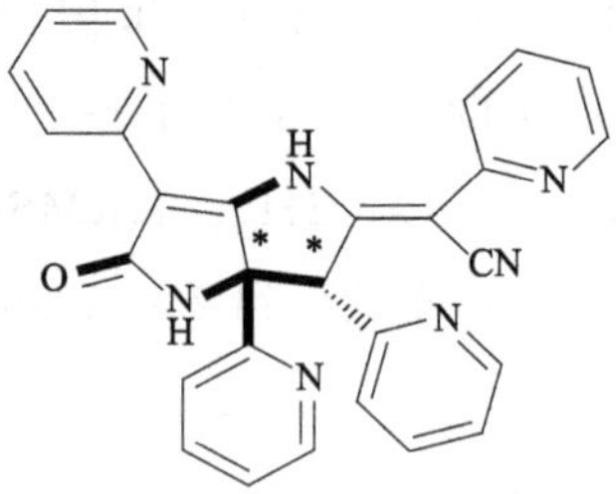

2-(吡啶-2-基)-2-(3,3a,6-三(5-吡啶-2-基)5-氧六氢吡咯[3,2-b]吡咯-2(1H)-丙烯)乙腈 (**1a**)：柱色谱分离洗脱剂为 EA/PE（1/2，体积比），黄色固体（产率为 75%），熔点为 299.9～301.0℃。^{1}H NMR（600MHz，DMSO-d_6）δ：13.09（s，1H），8.73～8.70（m，2H），8.60（d，J=7.8Hz，1H），8.36～8.32（m，2H），8.13（d，J=12.0Hz，1H），7.91～7.83（m，2H），7.78（s，2H），7.51（d，J=9.6Hz，1H），7.42～7.40（m，2H），7.35～7.31（m，2H），7.26～7.22（m，2H），5.59（s，1H）。^{13}C{^{1}H}（150MHz，DMSO-d_6）δ：175.4，167.2，159.6，156.3，153.6，151.9，150.9，150.4，149.9，149.6，139.1，139.0，137.8，125.0，123.7，122.6，122.2，120.8，120.6，118.7，105.8，84.3，72.1，58.1。HRMS（ESI）m/z：[M+H]$^+$·计算得到 $C_{28}H_{20}N_7O$ 470.1729；测试得到 470.1680。

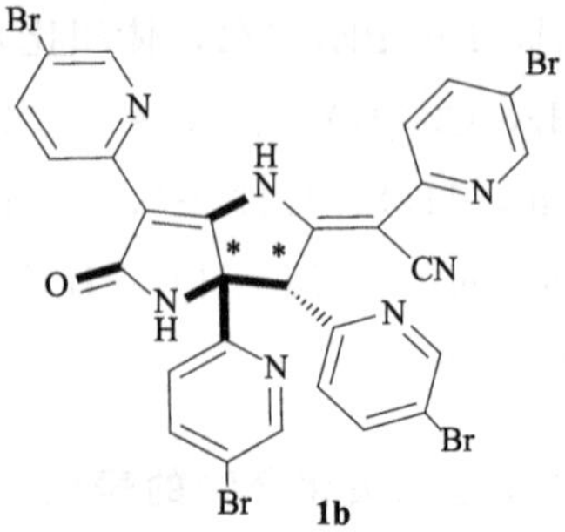

2-5-溴代吡啶-2-基-2-(3,1a,6-三(5-溴吡啶-2-)-5-氧代六氢吡咯并[3,2-b]吡

咯-2(1*H*)-亚乙基)乙腈（**1b**）：**2b**（1.00mmol）作为反应底物，柱色谱分离洗脱剂为 EA/PE（1/1，体积比），黄色固体（产率为70%），熔点为310.1～310.5℃。^{1}H NMR（600MHz，CDCl$_3$）δ：12.81（s，1H），8.75（s，1H），8.73（s，1H），8.70（s，1H），8.47（s，1H），8.20（d，*J*=10.8Hz，1H），7.87～7.84（m，2H），7.82～7.80（m，1H），7.78～7.76（m，1H），7.42（d，*J*=8.4Hz，1H），7.32（d，*J*=8.4Hz，1H），7.16（d，*J*=7.8Hz，1H），5.84（s，1H），5.37（s，1H）。^{13}C $\{^1$H$\}$ NMR（150MHz，CDCl$_3$）δ：174.5，164.3，163.6，156.5，152.9，151.5，151.2，150.8，149.6，149.3，140.4，140.0，139.6，139.2，124.7，122.2，122.1，121.3，120.5，118.4，117.7，117.4，106.0，85.9，70.8，57.9。HRMS（ESI）*m/z*：[M+H]$^+\cdot$计算得到 C$_{28}$H$_{16}$Br$_4$N$_7$O 781.8150；测试得到 781.8149。

2-5-氯代吡啶-2-基-2-(3,1*a*,6-三(5-氯吡啶-2-)-5-氧代六氢吡咯并[3,2-*b*]吡咯-2(1*H*)-亚乙基)乙腈（1c）：**2c**（1.00mmol）作为反应底物，柱层析洗脱剂为 EA/PE（1/1，体积比），黄色固体（产率为82%），熔点为285.0～285.7℃。^{1}H NMR（400MHz，CDCl$_3$）δ：12.83（s，1H），8.66～8.65（m，1H），8.64～8.63（m，1H），8.59～8.58（m，1H），8.38（d，*J*=3.6Hz，1H），8.26（d，*J*=12.6Hz，1H），7.74～7.69（m，2H），7.67～7.65（m，1H），7.64～7.61（m，1H），7.48（d，*J*=13.8Hz，1H），7.38（d，*J*=12.6Hz，1H），7.21（d，*J*=12.6Hz，1H），5.90（s，1H），5.40（s，1H）。^{13}C $\{^1$H$\}$ NMR（100MHz，CDCl$_3$）δ：174.7，163.2，163.6，156.6，152.6，151.2，149.3，149.0，148.9，148.6，147.3，137.5，137.2，136.8，136.3，132.8，131.7，129.8，129.4，123.2，121.7，121.7，120.1，117.4，106.1，85.8，70.86，57.9。HRMS（ESI）*m/z*：[M+H]$^+\cdot$计算得到 C$_{28}$H$_{16}$Cl$_4$N$_7$O 606.0170；测试得到 606.0156。

2-(6-甲基吡啶-2-基)-2-(3,1a,6-三(6-甲基-2-吡啶基)-5-氧代六氢吡咯并[3,2-b]吡咯-2(1H)-亚乙基)乙腈 (1d)：2d（1.00mmol 作为反应底物，柱层析洗脱剂为 EA/PE (1/1，体积比)，黄色固体（产率低于 10%），熔点为 290.2～290.7℃。^{1}H NMR (400MHz, CDCl$_3$) δ：12.45 (s, 1H), 8.19 (d, J = 5.6Hz, 1H), 7.61～7.57 (m, 3H), 7.51 (t, J = 5.6Hz, 1H), 7.45 (t, J = 4.2Hz, 1H), 7.36 (d, J = 4.2Hz, 1H), 7.07 (d, J = 4.8Hz, 1H), 7.01～6.96 (m, 4H), 5.94 (s, 1H), 5.38 (s, 1H), 2.76 (s, 3H), 2.67 (s, 3H), 2.54 (s, 3H), 2.36 (s, 3H)。HRMS (ESI) m/z：[M+H]$^+$·计算得到 C$_{32}$H$_{28}$N$_7$O 526.2349；测试得到 526.2346。样品纯样质量低于 3mg，合格的 ^{13}C NMR 数据未能收集成功。

4-氨基-5-羟基-3,5-二(吡啶-2-基)-1,5-二氢-2H-吡咯-2-酮（Ⅰ）：二氯甲烷中重结晶纯化，浅黄色固体（产率少于 10%），熔点为 235.0～235.4℃。^{1}H NMR (400MHz, DMSO-d_6) δ：8.47 (d, J = 4.0Hz, 1H), 8.38～8.35 (m, 2H), 7.84～7.76 (m, 3H), 7.66～7.62 (m, 1H), 7.32～7.29 (m, 1H), 7.22 (s, 1H), 6.98～6.95 (m, 1H), 6.86 (s, 1H)。^{13}C{1H} (100MHz, DMSO-d_6) δ：173.6, 167.8, 160.0, 160.0, 149.1, 148.1, 137.4, 136.3, 123.8, 121.4, 119.5, 118.9, 94.1, 85.6。HRMS (ESI) m/z：[M+H]$^+$·计算得到 C$_{14}$H$_{13}$N$_4$O$_2$ 269.1033；测试得到 269.1031。

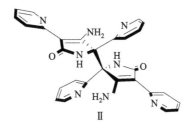

3,3′-二氨基-2,2′,4,4′-四(吡啶-2-基)-1,1′,2,2′-四氢-5H,5′H-[2,2′-联吡咯]-5,5′-二酮（Ⅱ）：二氯甲烷中重结晶纯化，黄色固体（产率为70%），熔点为291.0～291.5℃。^1H NMR（600MHz，DMSO-d_6）δ：8.95（s，1H），8.53（s，1H），8.42（s，3H），8.27（s，1H），8.09（d，J=7.2Hz，1H），7.72（s，1H），7.57（s，5H），7.36（s，1H），7.26（s，1H），7.13（s，1H），6.93～6.84（m，5H），4.21（s，1H）。^{13}C {^1H}（150MHz，DMSO-d_6）δ：185.8，180.5，178.2，162.3，159.1，157.3，154.8，149.2，149.0，148.3，137.6，136.7，135.7，135.5，123.8，123.1，122.8，121.9，121.7，121.4，119.9，118.1，100.5，83.0，76.6，65.9。HRMS (ESI) m/z：$[M+H]^+$·计算得到 $C_{28}H_{23}N_8O_2$ 503.1938；测试得到 503.1930。

2.9.3 实验操作

2.9.3.1 紫外和荧光滴定操作

紫外-可见光 Job's plot：配制主体、客体为同一浓度的 THF/CH$_3$OH（1/9，体积比）溶液，先将主体溶液置于1.5mL紫外玻璃比色皿进行紫外/可见光测试，随后每次滴加一定量的客体金属离子溶液使比色皿中主客体的物质的量达到相应比例，摇匀后在同一条件依次进行紫外/可见光光谱测试。测定数据经Origin软件处理得到不同比例溶液的吸收光谱变化，进一步处理得到不同 [G]/([G]+[H]) 下的吸光度差值数据表，然后通过Origin软件作图得到紫外-可见光 Job's plot。

紫外-可见光和荧光滴定：配制主体、客体浓度相同的 THF/CH$_3$OH（1/9，体积比）和 THF/H$_2$O（8/2，体积比）溶液，先将主体溶液置于1.5mL比色皿中进行紫外-可见光和荧光测试，随后每次滴加一定量的主体和客体，使比色皿中主体浓度不变，主客体达到特定比例，混匀后于相同条件下再依次进行紫外-可见光和荧光测试。测试数据用Origin软件处理，然后利用Hyperquad 2003程序进行非线性拟合，得到结合常数 $\log K_a$。

2.9.3.2 单晶培养

化合物 2 系列单晶培养：将化合物 2（1.50mg）溶于二氯甲烷（2.00mL）中，室温下静置 1~3 天，溶剂挥发后即可得到单晶。

目标产物 1 系列化合物单晶培养：化合物 1（0.5mg）溶于混合溶剂二氯甲烷-四氢呋喃（1mL/1mL）中。室温下静置 1~2 天，溶剂挥发，后即可得到化合物单晶。

Ⅰ或Ⅱ的单晶培养：Ⅰ或Ⅱ（1.00mg）溶解于混合溶剂（二氯甲烷/丙酮，1/1，体积比，3.00mL）中，室温下静置挥发 1~2 天，即可得到目标单晶。

1a 与 Zn^{2+}，Cd^{2+} 的晶体培养：向 1a（5.00×10^{-3} mmol，2mL，二氯甲烷）溶液中加入 3 滴 N,N-二甲基甲酰胺，然后加入 3mmol 高氯酸锌或镉固体。混合反应半小时后加水洗去多余的无机盐，收集不溶于水的固体。将干燥后的固体 1.00mg 溶于二氯甲烷/正己烷（1/1，体积比，5.00mL），收集上层清液并进行缓慢挥发，最终制得晶体样品。

1a 的质子化晶体培养：1a（1.00mg）溶解在混合溶液（二氯甲烷/丙酮，1/1，体积比，3.00mL）中，加入 15.0μL 盐酸（12.0mol/L）以缓慢挥发法来获得单晶样品。

参考文献

[1] Mal S, Malik U, Paidesetty S K, et al. A review on synthetic strategy, molecular pharmacology of indazole derivatives, and their future perspective [J]. Drug Dev Res, 2022, 83: 1469-1504.

[2] Ibrahim S A, Noser A A, Salem Maha M, et al. Design, synthesis, in-Silico and biological evaluation of novel 2-amino-1,3,4-thiadiazole based hydrides as B-cell lymphoma-2 inhibitors with potential anticancer effects [J]. J Mol Str, 2022, 133673-133686.

[3] Chen H, Liu Y, Guo Y, et al. Highly π-extended copolymers with diketopyrrolopyrrole moieties for high-performance field-effect transistors [J]. Adv Mater, 2012, 24: 4618-4622.

[4] Murugan P, Chen Y, Hu T, et al. Advancements in organic small molecule hole-transporting materials for perovskite solar cells: Past and future [J]. J Mater Chem A, 2022, 10: 5044-5081.

[5] Chernyshov V V, Popadyuk I I, Yarovaya O I et al. Nitrogen-containing heterocyclic compounds obtained from monoterpenes or their derivatives: Synthesis and properties [J]. Topics Curr Chem, 2022, 380: 42-105.

[6] Gutsche C D, Voges H W. Acylation and other reactions of 2-and 4-pyridylacetonitrile [J]. J Org Chem, 1967, 32: 2685-2689.

[7] Gupta P, Paul S. Solid acids: Green alternatives for acid catalysis [J]. Cat Today, 2014, 236: 153-170.

[8] Park Y J, Eom T Y. Hydrophobic effects of o-phenanthroline and 2,2′-bipyridine on adsorption of metal (Ⅱ) ions onto silica gel surface [J]. J Colloid Interface Sci, 1993, 160: 324-331.

[9] Du C, Sessler J L, Fu S, et al. Diketopyrrolopyrrole-based fluorescence probes for the imaging of lysosomal Zn^{2+} and identification of prostate cancer in human tissue [J]. Chem Sci, 2019, 10: 5699-5704.

[10] Zhang J, Zheng L, Zhang Y, et al. Real-time Cd^{2+} detection at sub-femtomolar level in various liquid media by an aptasensor integrated with microfluidic enrichment [J]. Sensors and Actuators B: Chemical, 2021, 329: 129282-129289.

[11] Mei J, Tang B Z, Leung N L C, et al. Aggregation-induced emission: Together we shine, united we soar [J]. Chem Rev, 2015, 115: 11718-11940.

[12] Ni Y, Zhang S, He X, et al. Dual-state emission difluoroboron derivatives for selective detection of picric acid and reversible acid/base fluorescence switching [J]. Anal Methods, 2021, 13: 2830-2835.

[13] Xu Y, Jiang D, Chen L, et al. Light-emitting conjugated polymers with microporous network architecture: Interweaving scaffold promotes electronic conjugation, facilitates exciton migration, and improves luminescence [J]. J Am Chem Soc, 2011, 133: 17622-17625.

[14] Wu H, Chen Z, Zhao Y. Structural engineering of luminogens with high emission efficiency both in solution and in the solid state [J]. Angew Chem Int Ed, 2019, 58: 11419-11423.

[15] Liu Y, Zhang Y, Xu J. Deep-blue luminescent compound that emits efficiently both in solution and solid state with considerable blue-shift upon aggregation [J]. J Mater Chem C, 2014, 2: 1068-1075.

[16] Zhao Z, Tang B Z, He B R, et al. Stereoselective synthesis of folded luminogens with arene-Arene stacking interactions and aggregation-enhanced emission [J]. Chem Com, 2014, 50: 1131-1133.

[17] Yin Y, Yang J, Ding A, et al. Fusing rigid planar units to engineer twisting molecules as dual-state emitters [J]. Mater Chem Front, 2022, 6: 1261-1268.

[18] Zhang Y, Yang J, Ding A, et al. The locations of triphenylamine and tetraphenylethene on a cyclohexyl ring define a luminogen as an AIEgen or a DSEgen [J]. J Mater Chem C, 2022, 10: 6078-6084.

[19] Yang Q, Cheng J, Li Y, et al. Holistic prediction of the pK_a in diverse solvents based on a machine-learning approach [J]. Angew Chem Int Ed, 2020, 59: 19282-19291.

[20] Sun Y, Gong H, Gu J, et al. AAAA-DDDD quadruple H-bond-assisted ionic interactions: Robust bis (guanidinium)/dicarboxylate heteroduplexes in water [J]. J Am Chem Soc, 2019, 141: 20146-20154.

[21] Kubin R F, Fletcher A N. Fluorescence quantum yields of some rhodamine dyes [J]. J Lum, 1982, 27, 455-462.

[22] Karstens T, Kobs K. Rhodamine B and rhodamine 101 as reference substances for fluorescence quantum yield measurements [J]. J Phys Chem, 1980, 84: 1871-1872.

[23] Wilson A J C. International tables for X-ray crystallography [M]. Birmingham: Kluwer Academic Press, 1992.

[24] Sheldrick G M. SHELXTL/PC (Version 5.03). Siemens analytical X-ray instruments [M]. Wisconsin: Wisconsin Inc, 1994.

[25] Li Y, Huang D, Zhu Y, et al. Temperature controlled condensation of nitriles: Efficient and convenient synthesis of β-enaminonitriles, 4-aminopyrimidines and 4-amidinopyrimidines in one system [J]. RSC Adv, 2020, 10: 6576-6583.

[26] Ess D H, Periana R A, Nielsen R J, et al. Transition-state charge transfer reveals electrophilic, ambiphilic, and nucleophilic carbon-hydrogen bond activation [J]. J Am Chem Soc, 2009, 131: 11686-11688.

[27] Yang S, Li H, Wang L, et al. Visible-light photoredox-catalyzed regioselective sulfonylation of alkenes assisted by oximes via [1,5]-H migration [J]. J Org Chem, 2019, 85: 564-573.

附录

附 1　第 2 章的单晶 X 射线衍射结构分析图示

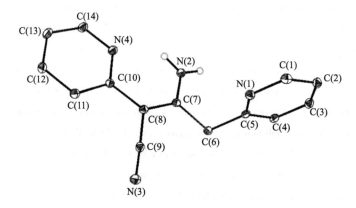

附图 1-1　化合物 **2a** 的热椭球图，呈现 25％电子密度（为使结构明晰，省略部分氢原子和溶剂分子）

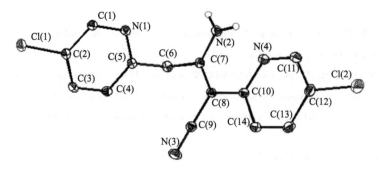

附图 1-2　化合物 **2c** 的热椭球图，呈现 25％电子密度（为使结构明晰，省略部分氢原子和溶剂分子）

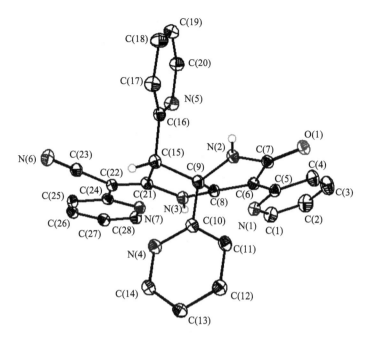

附图 1-3 化合物 **1a** 的热椭球图，呈现 25% 电子密度（为使结构明晰，省略部分氢原子和溶剂分子）

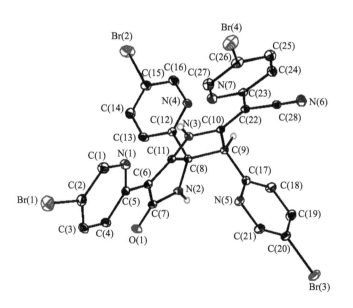

附图 1-4 化合物 **1b** 的热椭球图，呈现 25% 电子密度（为使结构明晰，省略部分氢原子和溶剂分子）

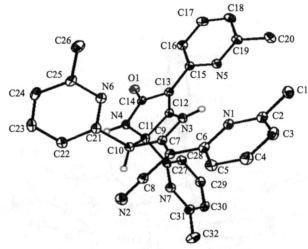

附图 1-5 化合物 **1d** 的热椭球图，呈现 25% 电子密度（为使结构明晰，省略部分氢原子和溶剂分子）

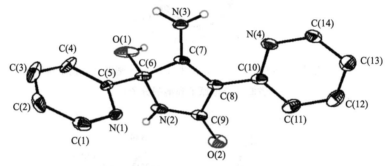

附图 1-6 化合物 **I** 的热椭球图，呈现 25% 电子密度（为使结构明晰，省略部分氢原子和溶剂分子）

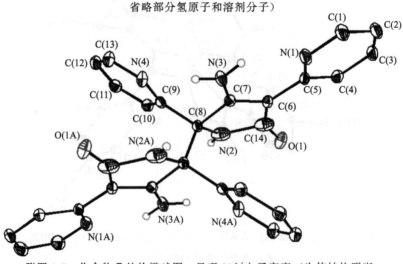

附图 1-7 化合物 **II** 的热椭球图，呈现 25% 电子密度（为使结构明晰，省略部分氢原子和溶剂分子）

附 2 核磁谱图（NMR）

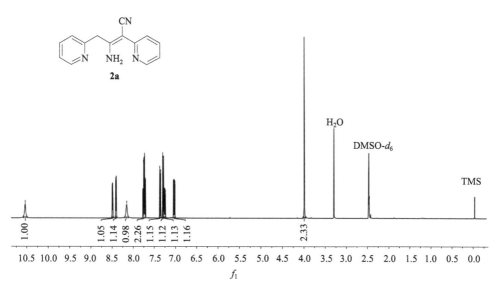

附图 2-1 化合物 **2a** 的核磁共振氢谱（^{1}H NMR）（400MHz，DMSO-d_6）

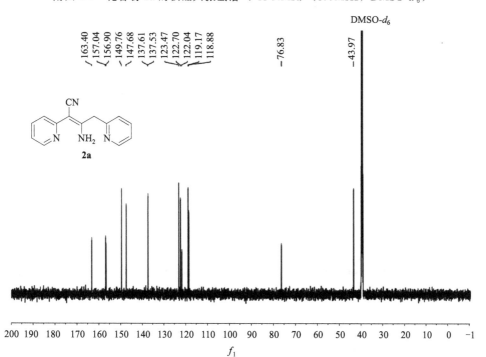

附图 2-2 化合物 **2a** 的核磁共振碳谱（^{13}C NMR）（100MHz，DMSO-d_6）

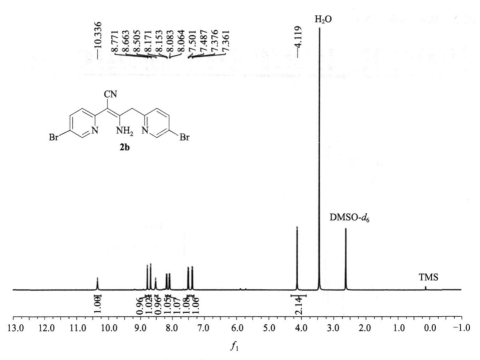

附图 2-3 化合物 **2b** 的核磁共振氢谱（^{1}H NMR）（100MHz，DMSO-d_6）

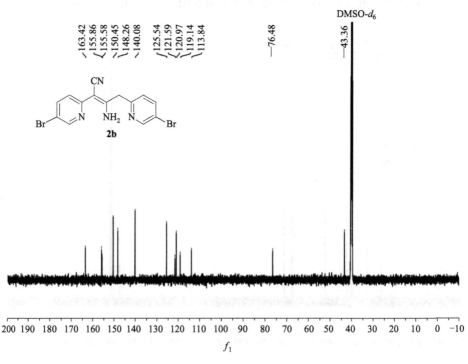

附图 2-4 化合物 **2b** 的核磁共振碳谱（^{13}C NMR）（100MHz，DMSO-d_6）

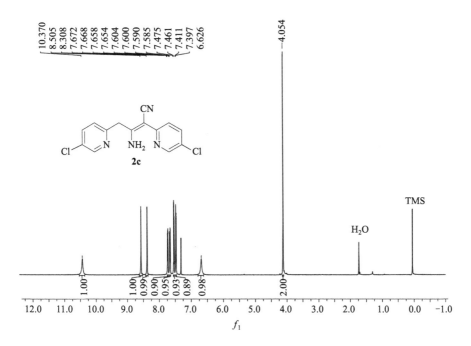

附图 2-5 化合物 **2c** 的核磁共振氢谱（^{1}H NMR）（400MHz，CDCl$_3$）

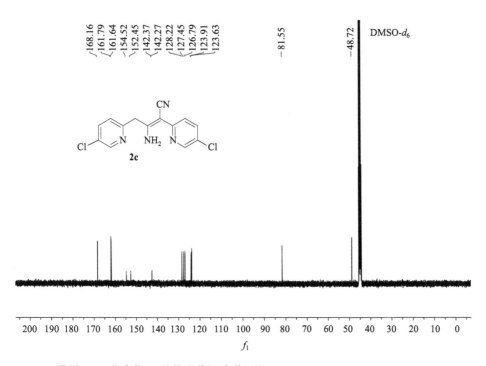

附图 2-6 化合物 **2c** 的核磁共振碳谱（^{13}C NMR）（100MHz，DMSO-d_6）

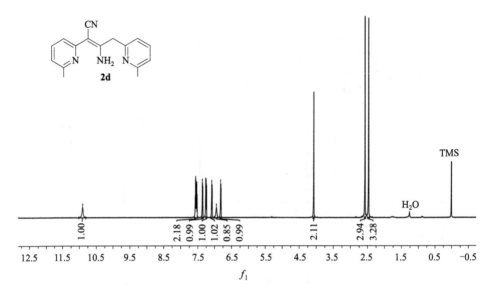

附图 2-7 化合物 **2d** 的核磁共振氢谱（^{1}H NMR）（400MHz，CDCl$_3$）

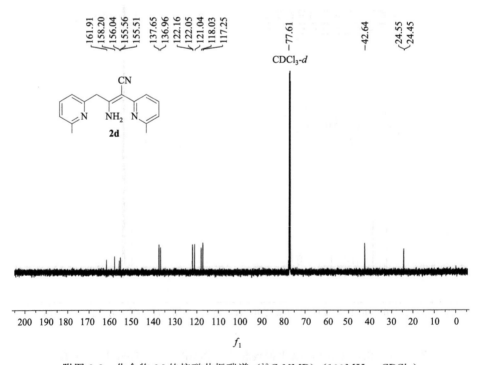

附图 2-8 化合物 **2d** 的核磁共振碳谱（^{13}C NMR）（100MHz，CDCl$_3$）

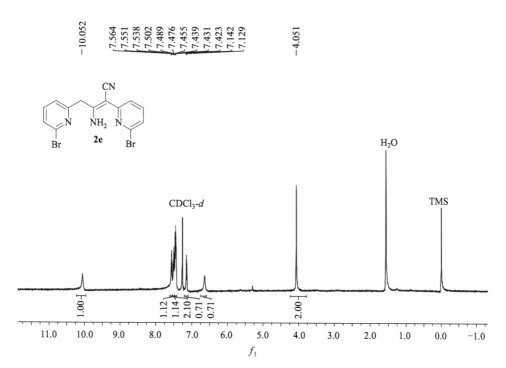

附图 2-9 化合物 **2e** 的核磁共振氢谱（^{1}H NMR）（400MHz，CDCl$_3$）

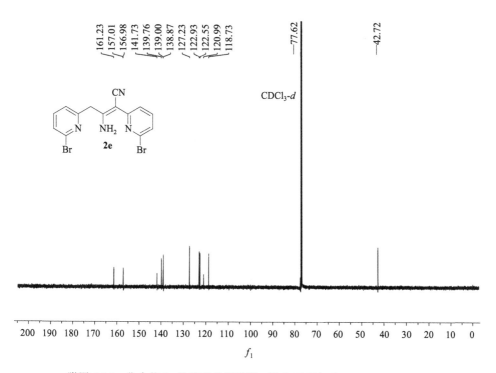

附图 2-10 化合物 **2e** 的核磁共振碳谱（^{13}C NMR）（100MHz，CDCl$_3$）

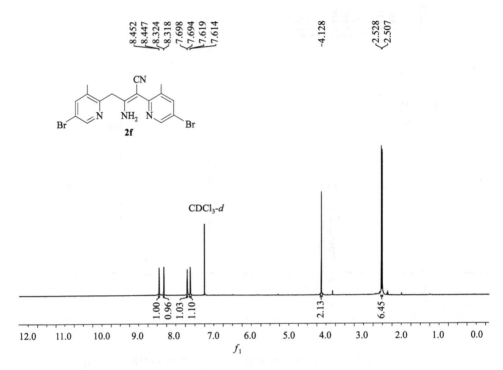

附图 2-11　化合物 **2f** 的核磁共振氢谱（^{1}H NMR）（400MHz，CDCl$_3$）

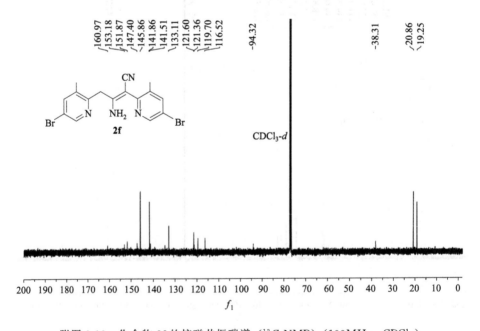

附图 2-12　化合物 **2f** 的核磁共振碳谱（^{13}C NMR）（100MHz，CDCl$_3$）

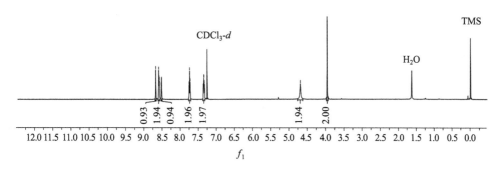

附图 2-13　化合物 **2g** 的核磁共振氢谱（^{1}H NMR）（400MHz，CDCl$_3$）

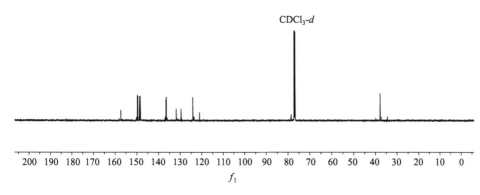

附图 2-14　化合物 **2g** 的核磁共振碳谱（^{13}C NMR）（100MHz，CDCl$_3$）

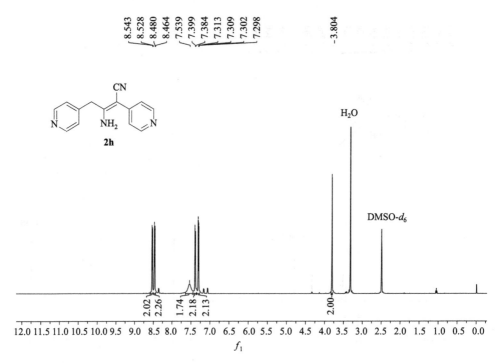

附图 2-15 化合物 **2h** 的核磁共振氢谱（^{1}H NMR）（400MHz，DMSO-d_6）

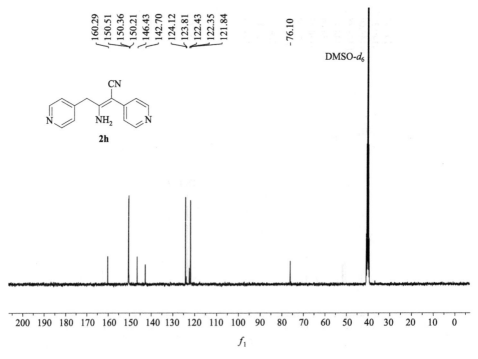

附图 2-16 化合物 **2h** 的核磁共振碳谱（^{13}C NMR）（100MHz，DMSO-d_6）

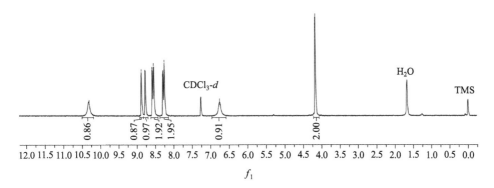

附图 2-17　化合物 **2i** 的核磁共振氢谱（^{1}H NMR）（600MHz，CDCl$_3$）

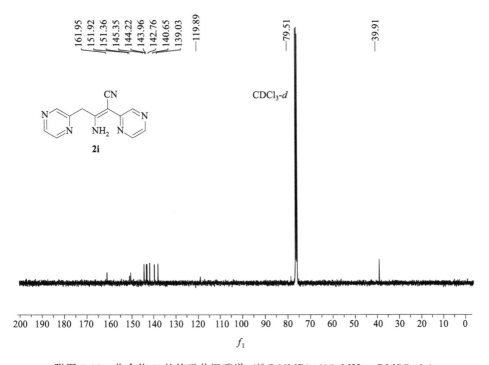

附图 2-18　化合物 **2i** 的核磁共振碳谱（^{13}C NMR）（150MHz，DMSO-d_6）

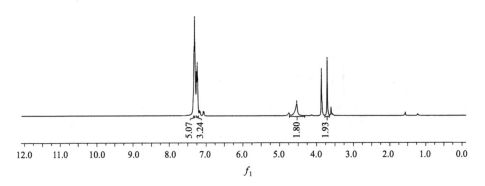

附图 2-19　化合物 **2j** 的核磁共振氢谱（^{1}H NMR）（400MHz，CDCl$_3$）

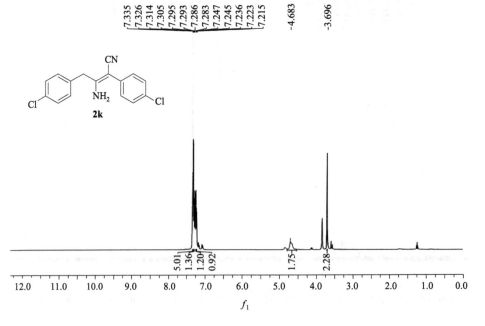

附图 2-20　化合物 **2k** 的核磁共振氢谱（^{1}H NMR）（400MHz，CDCl$_3$）

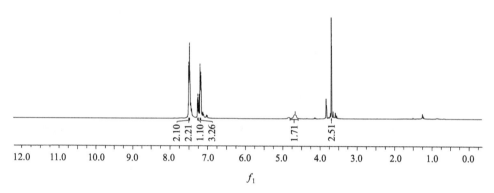

附图 2-21 化合物 **21** 的核磁共振氢谱（^{1}H NMR）（400MHz，CDCl$_3$）

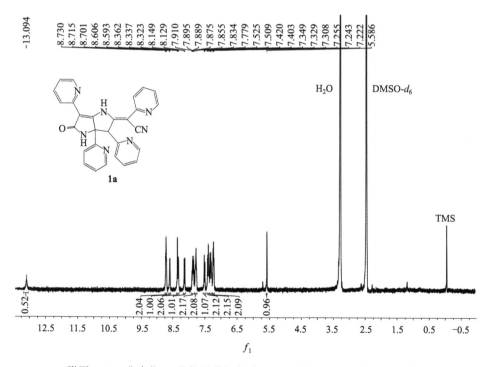

附图 2-22 化合物 **1a** 的核磁共振氢谱（^{1}H NMR）（600MHz，CDCl$_3$）

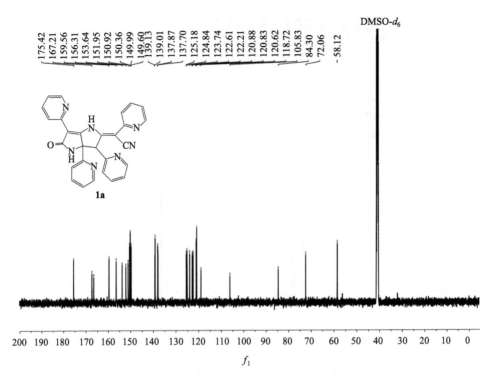

附图 2-23　化合物 **1a** 的核磁共振碳谱（^{13}C NMR）（150MHz，DMSO-d_6）

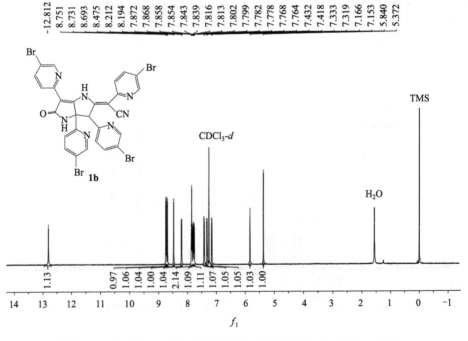

附图 2-24　化合物 **1b** 的核磁共振氢谱（^{1}H NMR）（600MHz，CDCl$_3$）

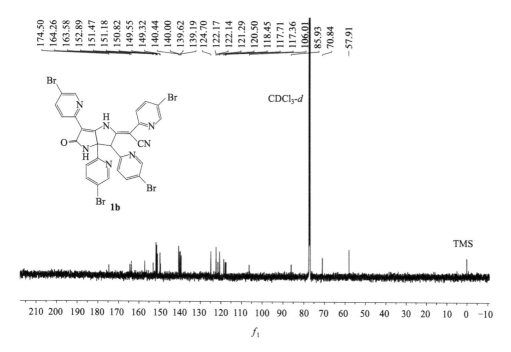

附图 2-25 化合物 **1b** 的核磁共振碳谱（^{13}C NMR）（150MHz，CDCl$_3$）

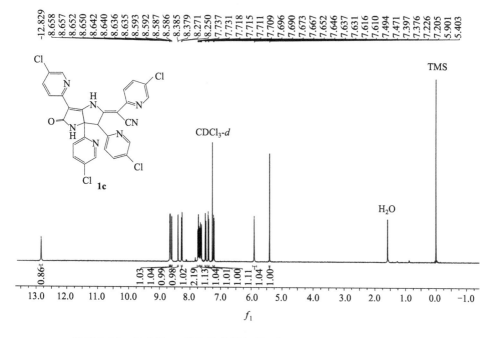

附图 2-26 化合物 **1c** 的核磁共振氢谱（^{1}H NMR）（400MHz，CDCl$_3$）

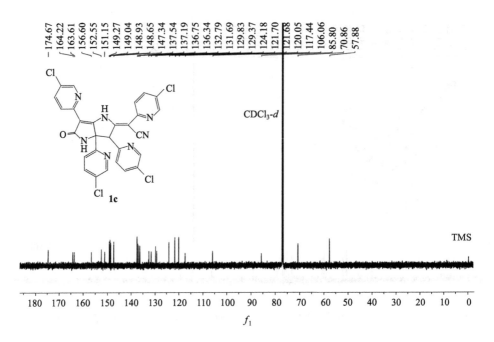

附图 2-27 化合物 **1c** 的核磁共振碳谱（^{13}C NMR）（100MHz，CDCl$_3$）

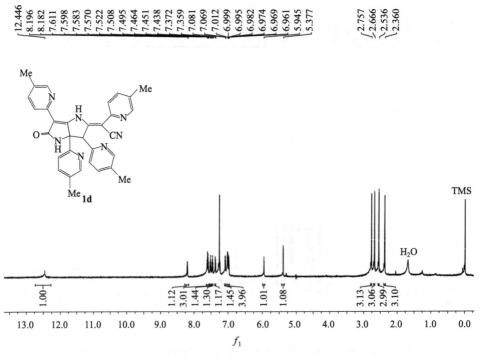

附图 2-28 化合物 **1d** 的核磁共振氢谱（^{1}H NMR）（400MHz，CDCl$_3$）

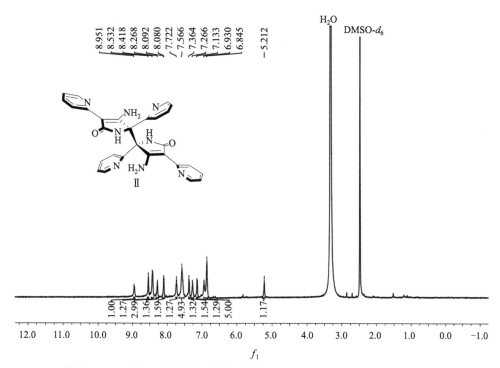

附图 2-29 化合物 Ⅱ 的核磁共振氢谱（^{1}H NMR）（600MHz，DMSO-d_6）

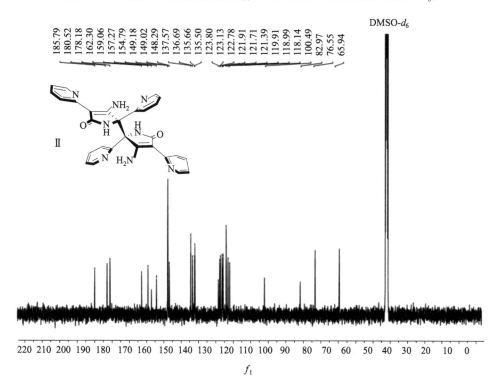

附图 2-30 化合物 Ⅱ 的核磁共振碳谱（^{13}C NMR）（150MHz，DMSO-d_6）

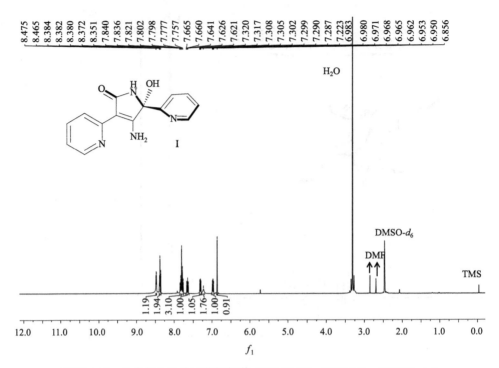

附图 2-31　化合物 I 的核磁共振氢谱（^{1}H NMR）（400MHz，DMSO-d_6）

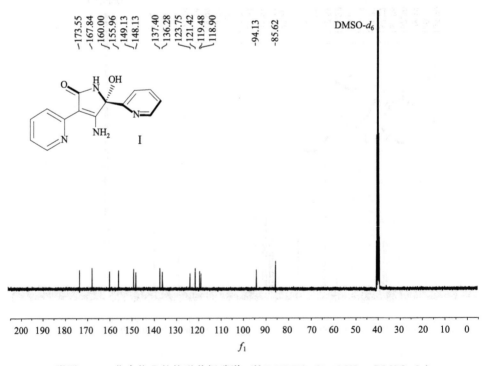

附图 2-32　化合物 I 的核磁共振碳谱（^{13}C NMR）（100MHz，DMSO-d_6）

附3 质谱分析（ESI-HRMS）

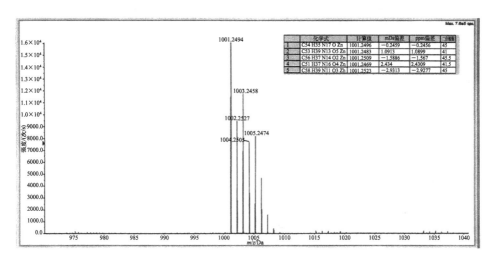

附图 3-1 $[(1a-H^+)^-]_2 \cdot Zn$ 的高分辨质谱图 [HRMS (ESI) m/z：
计算得到 $C_{54}H_{35}N_{17}OZn$ 1001.2496；测试得到 1001.2494]

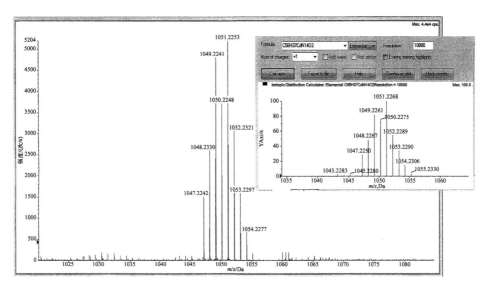

附图 3-2 $[(1a-H^+)^-]_2 \cdot Cd$ 的高分辨质谱图 [HRMS (ESI) m/z：
计算得到 $C_{56}H_{37}N_{14}CdO_2$ 1051.2257；测试得到 1051.2259]

附4 附表

附表4-1 2a，2c 的 X 射线晶体学数据汇总

项目	2a	2c
CCDC 编号	1993431	1993403
描述	棱柱状	棱柱状
颜色	黄色	无色
溶解于	DCM/正己烷	DCM/正己烷
分子式	$C_{14}H_{12}N_4$	$C_{14}H_{10}Cl_2N_4$
分子量	235.28	305.16
晶体尺寸/(mm×mm×mm)	0.110×0.040×0.030	0.060×0.040×0.020
晶系	正交晶系	单斜晶系
空间群	$Fdd2$	$P2_1/c$
a/Å①	49.526(2)	12.763(3)
b/Å	20.0084(9)	12.333(3)
c/Å	4.6863(2)	8.8820(18)
α/(°)	90	90
β/(°)	90	103.46(3)
γ/(°)	90	90
V/Å³	4643.9(4)	1359.7(5)
d/(g/cm³)	1.352	1.491
Z	16	4
T/K	100	170
$R_1, wR_2/[I>2\sigma(I)]$	0.0328, 0.0789	0.0249, 0.0644
R_1, wR(全部数据)	0.0345, 0.0808	0.0261, 0.0654
配合度	0.999	0.998

① 1Å=10^{-10} m。

附表4-2 1a，1b，1d 的 X 射线晶体学数据汇总

项目	1a	1b	1d
CCDC 编号	2144724	1993408	2151936
描述	棱柱状	棱柱状	棱柱状
颜色	淡黄色	黄色	淡黄色
溶解于	DCM/正己烷	DCM/正己烷	DCM/正己烷
分子式	$C_{56}H_{38}N_{14}O_2$	$C_{30}H_{19}Br_4N_7O$	$C_{32.5}H_{29}N_7O_{1.5}$

续表

项目	1a	1b	1d
分子量	939.00	954.96	541.63
晶体尺寸/(mm×mm×mm)	0.060×0.040×0.020	0.210×0.180×0.140	0.130×0.020×0.010
晶系	三斜晶系	三斜晶系	三斜晶系
空间群	P-1	P-1	P-1
a/Å	12.8680(5)	10.509(2)	9.6159(5)
b/Å	13.1534(5)	11.278(2)	10.0148(5)
c/Å	14.7371(5)	14.628(3)	14.8088(7)
α/(°)	110.239(3)	88.39(3)	75.259(4)
β/(°)	95.826(3)	79.54(3)	86.471(4)
γ/(°)	91.102(3)	81.91(3)	82.609(4)
V/(Å^3)	2324.32(16)	1687.9(6)	1373.07(12)
d/(g/cm^3)	1.342	1.879	1.310
Z	2	2	2
T/K	170	100	110
$R_1, wR_2/[I>2\sigma(I)]$	0.0578, 0.1448	0.0468, 0.1147	0.0559, 0.1337
R_1, wR(全部数据)	0.0770, 0.1565	0.0490, 0.1166	0.0709, 0.1424
配合度	1.003	1.013	1.006

附表 4-3　Ⅰ，Ⅱ 的 X 射线晶体学数据汇总

项目	Ⅰ	Ⅱ
CCDC 编号	2144736	2144714
描述	棱柱状	棱柱状
颜色	无色	淡黄色
溶解于	DCM/正己烷	DCM/丙酮
分子式	$C_{14}H_{12}N_4O_2$	$C_{28}H_{22}N_8O_2$
分子量	268.28	502.53
晶体尺寸/(mm×mm×mm)	0.150×0.110×0.070	0.060×0.030×0.020
晶系	单斜晶系	单斜晶系
空间群	$P2_1/c$	$C2/c$
a/Å	5.2481(3)	19.1451(8)
b/Å	24.2645(14)	7.3449(3)
c/Å	9.9364(5)	17.7151(6)

续表

项目	I	II
$\alpha/(°)$	90	90
$\beta/(°)$	104.314(5)	106.444(4)
$\gamma/(°)$	90	90
$V/\text{Å}^3$	1226.04(12)	2389.18(17)
$d/(\text{g/cm}^3)$	1.453	1.397
Z	4	4
T/K	170	170
$R_1,wR_2/[I>2\sigma(I)]$	0.0608, 0.1393	0.0986, 0.2362
R_1,wR(全部数据)	0.0686, 0.1440	0.1005, 0.2381
配合度	1.020	0.949

附表 4-4　$(4\text{H}^+ \cdot \mathbf{1a})_2 \cdot 8\text{Cl}^- \cdot \text{HCl} \cdot 6\text{H}_2\text{O}$ 的 X 射线晶体学数据汇总

项目	$(4\text{H}^+ \cdot \mathbf{1a})_2 \cdot 8\text{Cl}^- \cdot \text{HCl} \cdot 6\text{H}_2\text{O}$
CCDC 编号	1993434
描述	针状
颜色	清澈无色
溶解于	丙酮/HCl
分子式	$C_{28}H_{29.5}Cl_{4.5}N_7O_4$
分子量	687.61
晶体尺寸/(mm×mm×mm)	0.020×0.010×0.010
晶系	正交晶系
空间群	$Pnna$
$a/\text{Å}$	25.984(4)
$b/\text{Å}$	15.3933(17)
$c/\text{Å}$	16.623(3)
$\alpha/(°)$	90
$\beta/(°)$	90
$\gamma/(°)$	90
$V/\text{Å}^3$	6648.9(18)
$d/(\text{g/cm}^3)$	1.374
Z	8
T/K	100
$R_1,wR_2/[I>2\sigma(I)]$	0.1249, 0.2700
R_1,wR(全部数据)	0.2075, 0.3306
配合度	1.015

附表 4-5 $[(1a\text{-}H^+)^-]_2 \cdot Zn$,$[(1a\text{-}H^+)^-]_2 \cdot Cd$ 的 X 射线晶体学数据汇总

项目	$[(1a\text{-}H^+)^-]_2 \cdot Zn$	$[(1a\text{-}H^+)^-]_2 \cdot Cd$
CCDC 编号	2144733	2144725
描述	块状	块状
颜色	纯净无色	无色
溶解于	DCM/正己烷	DCM/正己烷
分子式	$C_{62}H_{56}N_{16}O_7Zn$	$C_{65}H_{57}CdN_{17}O_5$
分子量	1202.59	1268.67
晶体尺寸/(mm×mm×mm)	0.070×0.060×0.050	0.070×0.060×0.050
晶系	单斜晶系	单斜晶系
空间群	$I2/a$	$I2/a$
a/Å	13.7653(2)	14.0651(4)
b/Å	24.8344(5)	24.6463(8)
c/Å	16.7304(3)	17.0731(5)
α/(°)	90	90
β/(°)	99.2528(18)	103.148(3)
γ/(°)	90	90
V/Å³	5644.91(18)	5763.3(3)
d/(g/cm³)	1.415	1.462
Z	4	4
T/K	100	100
$R_1, wR_2/[I>2\sigma(I)]$	0.0554, 0.1516	0.0568, 0.1564
R_1, wR(全部数据)	0.0678, 0.1616	0.0583, 0.1575
配合度	1.004	1.007

3

轴手性的环［7］(1,3-(4,6-二甲基))苯的合成与性能研究

3.1 概述

阻转异构是自然界物质立体结构内的一种普遍现象[1]，即由于分子本身结构所围绕的单键自由旋转受阻而产生的异构现象。单键可以是 C—N、N—N、C—C 键等。阻转异构导致的轴手性可以广泛存在于天然分子、药物分子、生物媒介分子、催化剂、激素和部分特殊结构配体等。随着不对称催化反应的日益发展，目前已合成了部分有机轴手性小分子，主要为联芳基类化合物。然而，其他轴手性骨架的报道却很少。因此，发展更多高产率、高对映选择性的不对称催化的新型轴手性骨架的方法和路径是大环分子有机合成领域中的研究热点之一[2-4]。

本部分工作合成了一种新型非对映异构阻转异构的轴手性环间苯类大环分子-环[7]-间苯-大环。通过核磁氢谱、碳谱，2D核磁谱（变温^{1}H，核欧沃豪斯效应谱 NOESY、化学位移相关谱 COSY），高分辨质谱和紫外/可见光光谱对所合成的大环进行了初步的分析和表征，并通过 X 射线单晶衍射实验确认了其结构。最后，利用高效液相色谱法实现了对于大环分子的手性对映异构体的拆分。

此外，在后继的研究中，希望以新型氮杂稠环分子作为客体，实现对于所合成的轴手性环[7]间苯大环分子的对映异构体的手性调控，从而使环[7]间苯大环本身实现自适应手性。

3.2 CDMB-7 的合成路线分析

本部分研究以 1,5-二溴-2,4-二甲苯（**1**）为反应起始原料，反应生成 5,5'-二溴-2,2',4,4'-四甲基-1,1'-联苯（**2**）。以 2 为底物再与联硼酸频那醇酯反应制得2,2'-(4,4',6,6'-四甲基-[1,1'-联苯]-3,3'-二基)双(4,4,5,5-四甲基-1,3,2-二氧硼烷)（**3**），其与化合物 5,5''''-二溴-2,2',4,4',4'',4''',4'''',6',6'',6'''-十甲基-1,1':3',1'':3'',1''':3''',1''''-五苯基（**4**）在钯催化剂作用下发生 Suzuki-Miyaura 偶合反应，合成目标大环分子-环[7](1,3-(4,6-二甲基))-苯（Cyclo[7](1,3-

(4,6-dimethyl))-benzene)(**CDMB-7，5**)（图 3-1）。

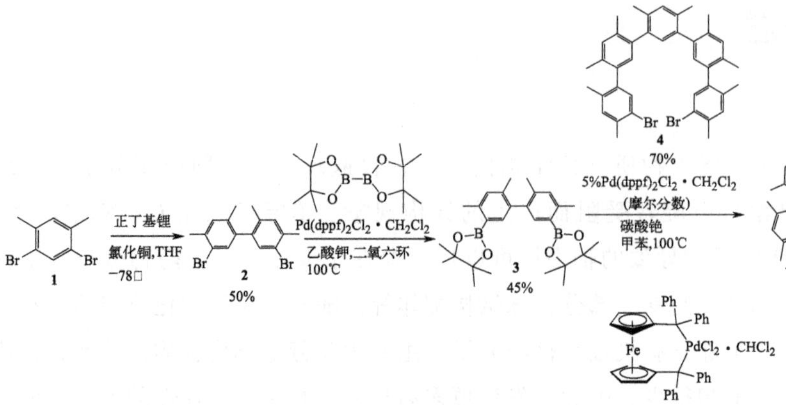

图 3-1 大环 **CDMB-7** 的反应制备路线

3.3 中间体 3 的合成优化

为了规模化制备反应底物 **3** 的纯品，首先对合成底物 **3** 的反应条件进行了优化。

该部分工作以 5,5′-二溴-2,2′,4,4′-四甲基-1,1′-联苯（**2**）与联硼酸频那醇酯为反应底物，进行反应条件的优化。主要考察以下因素对反应的影响：①钯催化剂种类；②碱的种类；③溶剂种类；④温度；⑤反应时长。通过对反应条件的优化筛选，以确定最合适的反应条件（图 3-2）。

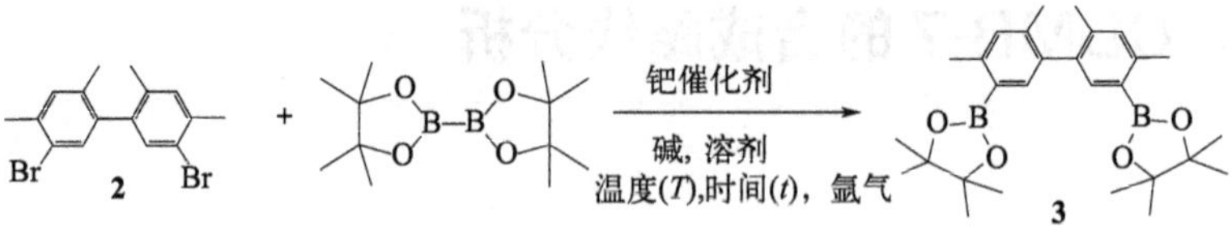

图 3-2 中间体 **3** 的模板反应

3.3.1 钯催化剂

如表 3-1 所示，对钯催化剂种类进行了筛选。催化剂为三(二亚苄基丙酮)

二钯（$Pd_2(dba)_3$）时，反应收率仅为25%（表3-1，序号1）；催化剂为1,1'-[双（二苯基膦）二茂铁]二氯化钯（$Pd(dppf)_2Cl_2 \cdot CH_2Cl_2$）时，产率可达到35%（表3-1，序号2）；当催化剂分别为醋酸钯（$Pd(OAc)_2$）、四三苯基膦钯（$Pd[(PPh_3)]_4$）或氯化钯（$PdCl_2$）时，产率分别为20%、18%或15%（表3-1，序号3～序号5）。故使用1,1'-[双（二苯基膦）二茂铁]二氯化钯作为反应催化剂。

表3-1 钯催化剂种类对反应的影响

序号	钯催化剂	产率/%[①]
1	$Pd_2(dba)_3$	25
2	$Pd(dppf)_2Cl_2 \cdot CH_2Cl_2$	35
3	$Pd(OAc)_2$	20
4	$Pd[(PPh_3)]_4$	18
5	$PdCl_2$	15

① 分离产率。

注：反应条件**2**(0.36g，1.00mmol，1.00eq)，联硼酸频那醇酯 (0.38g，1.50mmol，1.50eq)，[Pd] (0.010mmol%，0.010eq)，碳酸铯 (1.30g，4.00mmol，4.00eq)，二氧六环 (2.00mL)，Ar，80℃，24h，硅胶柱层析分离。

3.3.2 碱源

如表3-2所示，以1,1'-[双（二苯基膦）二茂铁]二氯化钯作为催化剂，对碱的种类进行了筛选。发现碱为碳酸铯（Cs_2CO_3）或碳酸钾（K_2CO_3）时，反应产率可达到30%或31%（表3-2，序号1～序号2）。碱为乙酸钾（CH_3COOK）时，产率为35%（表3-2，序号3）；而碱为氢氧化钠（NaOH）或氢氧化钾（KOH）时，产率为29%或28%（表3-2，序号4～序号5）。叔丁醇钠、氟化铯或氢化钠作为碱（^tBuONa，CsF，NaH）时，相应产率为32%、26%或20%（表3-2，序号6～序号8）。因此选择乙酸钾作为反应碱源。

表 3-2 碱的种类对反应的影响

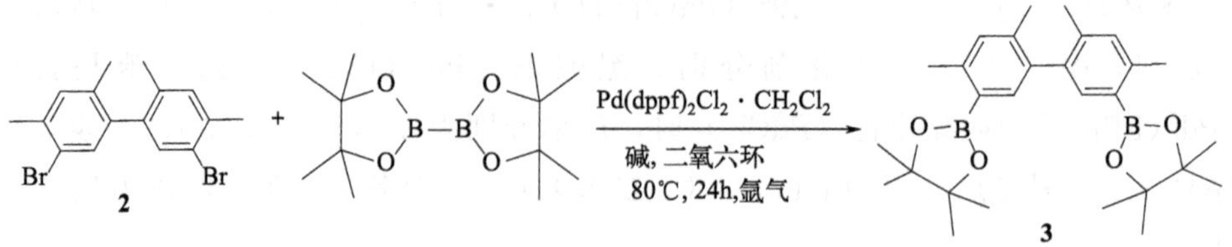

序号	碱	产率/%[①]
1	Cs_2CO_3	30
2	K_2CO_3	31
3	CH_3COOK	35
4	NaOH	29
5	KOH	28
6	^tBuONa	32
7	CsF	26
8	NaH	20

① 分离产率。

注：反应条件为 2(0.36g，1.00mmol，1.00eq)，联硼酸频那醇酯（0.38g，1.50mmol，1.50eq），Pd(dppf)$_2$Cl$_2$·CH$_2$Cl$_2$(8.10mg，0.010mmol，0.010eq)，碱（4.00mmol，4.00eq），二氧六环（2.00mL），氩气，80℃，24h，硅胶柱层析分离。

3.3.3 溶剂种类

如表 3-3 所示，以 1,1′-[双(二苯基膦)二茂铁]二氯化钯作为催化剂，乙酸钾为碱，对溶剂种类进行了筛选。发现当溶剂为四氢呋喃（THF）或甲苯（$C_6H_5CH_3$）时，反应收率分别为 30%，32%（表 3-3，序号 1~序号 2）；当溶剂为二氧六环（$C_4H_8O_2$）时，产率为 35%（表 3-3，序号 3）；当溶剂为乙腈、N,N-二甲基甲酰胺或二甲基亚砜和环己烷时，反应产率分别为 27%、23% 或 25%（表 3-3，序号 4~序号 6）。因此选择二氧六环为反应溶剂。

表 3-3 溶剂种类对反应的影响

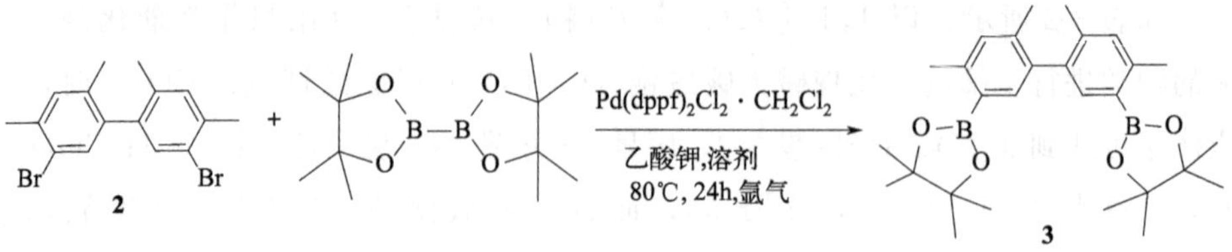

序号	溶剂	产率/%[①]
1	THF	30
2	$C_6H_5CH_3$	32

续表

序号	溶剂	产率/%[①]
3	$C_4H_8O_2$	35
4	CH_3CN	27
5	DMF	23
6	DMSO	25

① 分离产率。

注：反应条件为 **2**(0.36g，1.0mmol，1eq)，联硼酸频那醇酯（0.38g，1.5mmol，1.5eq），Pd(dppf)$_2$Cl$_2$·CH$_2$Cl$_2$(8.10mg，0.010mmol，0.01eq)，乙酸钾（0.40g，4.0mmol，4eq），溶剂（2.00mL），氩气，80℃，24h。硅胶柱层析分离。

3.3.4 温度

如表 3-4 所示，以 1,1′-[双（二苯基膦）二茂铁]二氯化钯作为催化剂，碱为乙酸钾，二氧六环作为溶剂。对温度进行了优化。发现当温度为 60℃ 时，反应产率低于 5%（表 3-4，序号 1）；温度为 80℃、100℃ 或 120℃ 时，反应收率为 35%、45% 或 44%（表 3-4，序号 2～序号 4）；温度达到 150℃ 时，反应产率为 41%（表 3-4，序号 5）。因此选择 100℃ 作为反应温度。

表 3-4　反应温度对反应的影响

序号	温度/℃	产率/%[①]
1	60	<5
2	80	35
3	100	45
4	120	44
5	150	41

① 分离产率。

注：反应条件为 **2**(0.36g，1.00mmol，1.00eq)，联硼酸频那醇酯（0.38g，1.50mmol，1.50eq），Pd(dppf)$_2$Cl$_2$·CH$_2$Cl$_2$(8.10mg，0.010mmol，0.010eq)，乙酸钾（0.40g，4.00mmol，4.0eq），二氧六环（2.00mL），氩气，T，24h，硅胶柱层析分离。

3.3.5 反应时间

如表 3-5 所示,以 1,1′-[双(二苯基膦)二茂铁]二氯化钯作为催化剂,乙酸钾为碱,二氧六环作为溶剂。对反应时间进行了筛选。发现当反应时间分别为 12h、18h、24h,反应产率由 23% 逐渐递增到 45%(表 3-5,序号 1~序号 3)。反应时间为 30h 和 36h,反应产率几乎不变(表 3-5,序号 4~序号 5)。因此选择反应时长为 24h。

表 3-5 反应时间对反应的影响

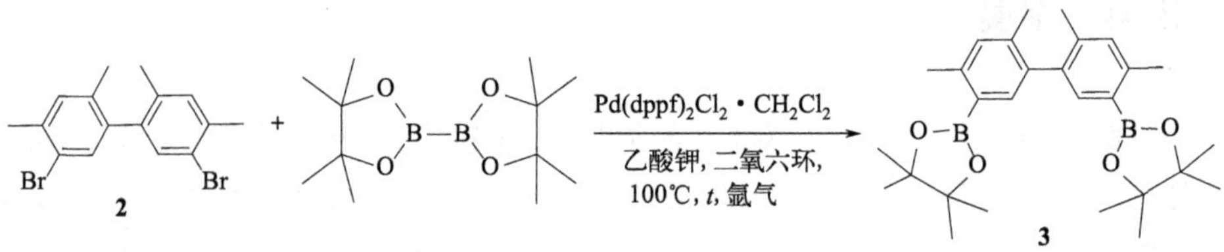

序号	时间/h	产率/%[①]
1	12	23
2	18	36
3	24	45
4	30	45
5	36	46

① 分离产率。

注:反应条件为 **2**(0.36g,1.00mmol,1eq),联硼酸频那醇酯 (0.38g,1.50mmol,1.50eq),Pd(dppf)$_2$Cl$_2$·CH$_2$Cl$_2$(8.10mg,0.010mmol,0.010eq),乙酸钾 (0.40g,4.00mmol,4.00eq),二氧六环 (2.00mL),氩气,100℃,t,硅胶柱层析分离。

3.3.6 反应条件的确定

综上,确定了最佳反应条件为在 15mL 的 Schlenk 管中,加入反应原料 **2**(1.0mmol,1.00eq) 和联硼酸频那醇酯 (1.50mmol,1.50eq),催化剂 1,1′-[双(二苯基膦)二茂铁]二氯化钯 (0.010mmol,0.010eq) 和乙酸钾 (4.00mmol,4.00eq),二氧六环 (2.00mL)。以氩气为反应气氛,温度为 100℃,反应时间为 24h(图 3-3)。反应结束后,冷却至室温。真空浓缩除去二氧六环后，用二氯甲烷洗涤（15mL×3）以及蒸馏水洗涤（15mL×3）。真空浓缩有机相后，以洗脱剂乙酸乙酯进行硅胶（200～300目）柱层析制得 3（白色固体，反应产率 45%）（图3-3）。其熔点为 224.5～224.7℃；^{1}H NMR (500MHz, CDCl$_3$, 273K) δ：7.52 (s, 2H), 7.08 (s, 2H), 2.57 (s, 6H), 2.05 (s, 6H), 1.34 (s, 24H)。^{13}C NMR (125MHz, CDCl$_3$, 273K) δ：123.4, 118.9, 118.0, 117.2, 111.2, 63.2, 57.3, 57.0, 56.8, 5.0, 4.8, 1.8, 0.0。ESI(m/z)：[M+H]$^+$·计算得到 C$_{28}$H$_{40}$B$_2$O$_4$，463.3113；测试得到，463.3203。

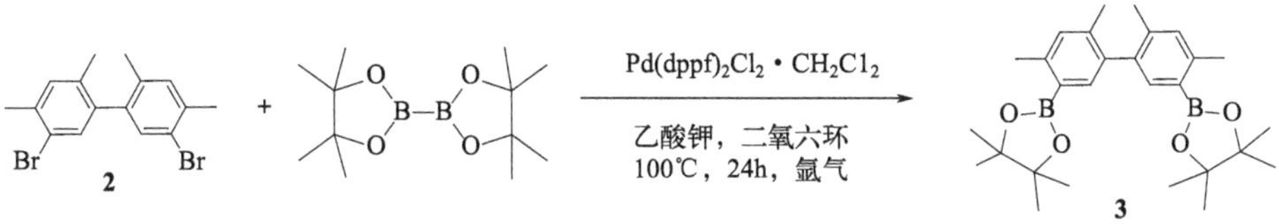

图3-3　**3** 的优化合成

3.3.7　克量级反应

在模板反应的最佳条件下，对 3 进行如下克量级制备。向 500mL 的三口瓶中，投入反应原料 2（10mmol，1eq）和联硼酸频那醇酯（15mmol，1.50eq），再加入 1,1′-[双(二苯基膦)二茂铁]二氯化钯（0.19mmol，0.010eq）和乙酸钾（80mmol，3.20eq）。置于反应溶剂二氧六环（150mL）之中。反应气氛为氩气，温度为 100℃，反应时间为 40h。反应结束后，冷却至室温。真空浓缩除去二氧六环后，用二氯甲烷洗涤（150mL×3）以及用蒸馏水洗涤（150mL×3）。真空浓缩有机相后，以洗脱剂乙酸乙酯进行硅胶（200～300目）柱层析制得 3（白色固体，反应产率 30%）（图3-4）。

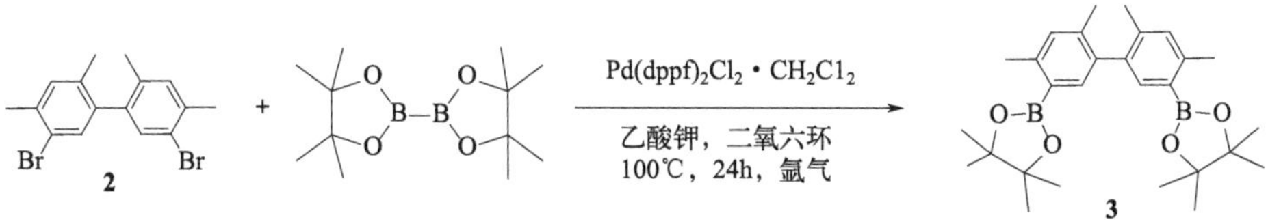

图3-4　**3** 的克量级制备

3.3.8　中间体 1、中间体 2 和中间体 4 的合成

中间体 **1** 的合成：根据已报道的文献，按文献所述，购买商品化试剂间二甲苯（106g，1.00mol，1.00eq），置于 2L 三口瓶，以二氯甲烷充分溶解，滴加质量分数为 98% 的溴素（250mL）。然后用氢氧化钠溶液（2mol/L，300mL×3）除去残余溴素。在二氯甲烷中重结晶析出白色固体，再将所得固体冷冻干燥后得到纯品 **1**（白色固体，236g，90%）。^{1}H NMR（500MHz，CDCl$_3$，273K）δ：7.67(s，1H)，7.09(s，1H)，2.96(s，6H)。

中间体 **2** 的合成：向 2L 的三口烧瓶中加入原料 **1**（100g，38mmol，1eq），无水氯化铜 CuCl$_2$（51.10g，0.38mol，10eq）置于 100mL 固体进样器之中，氩气保护下将 1L 超干四氢呋喃溶加入三口烧瓶，以充分溶解固体样品。此时将反应体系置于 −78℃ 冰水浴中降温 10min 左右。取 143.00mL 正丁基锂（5mmol/L）置于 250mL 恒压滴液漏斗之中。待反应体系温度恒定，以一滴每秒的速度滴加至反应体系。滴加结束后，反应体系低温搅拌 1h。此时转动固体进样器，少量多次将无水氯化铜加入反应体系中，待无水氯化铜完全加入反应体系后，继续搅拌 12h。反应结束后，向反应体系中加入 100mL 的氨水淬灭丁基锂。真空浓缩除去四氢呋喃，再加入稀盐酸溶解所得固体。用二氯甲烷洗涤（500mL×3）以及蒸馏水洗涤（500mL×3）。真空浓缩有机相后，以淋洗剂石油醚进行硅胶（200~300 目）柱层析制得中间体 **2**（白色固体，6.95g，50%）。熔点为 80.1~80.3℃。^{1}H NMR（500MHz，CDCl$_3$，273K）δ：7.27(s，2H)，7.14(s，2H)，2.42(s，6H)，2.00(s，6H)。^{13}C NMR（125MHz，CDCl$_3$，273K）δ：119.4，116.7，115.1，112.7，112.2，101.5，57.0(t，$J=32.5$Hz)，2.5，0.8。ESI(m/z)：[M+H]$^+$·计算得到 C$_{16}$H$_{17}$Br$_2$，366.9692；测试得到，366.9690。

中间体 **4** 的合成：根据文献报道，向 2L 三口烧瓶加入原料 **1**（50g，19mmol，1eq），1,1′-[双（二苯基膦）二茂铁]二氯化钯（154.00mg，0.19mmol，0.010eq），乙酸钾（7.84g，80mmol，3.20eq）以及联硼酸频那醇酯（7.24g，28.50mmol，1.50eq）。氩气保护下，100℃ 为反应温度，溶剂为二氧六环，反应 30h。制得 2,2′-(4,6-二甲基-1,3-亚苯基)双(4,4,5,5-四甲基-1,3,2-二氧硼烷)。再向 250mL 的三口瓶中加入 2,2′-(4,6-二甲基-1,3-亚苯基)双(4,4,5,5-四甲基-1,3,2-二氧硼烷)（1.79g，5mmol，1.00eq）原料 **1**（1.31g，5mmol，1.00eq），碳酸钾（3.45g，25mmol，5.00eq），最后加入 100mL 混合

溶剂四氢呋喃/水（4/1，以体积分数计）。氩气保护下，80℃下反应24h。反应结束后，冷却至室温。旋蒸除去四氢呋喃后，再用二氯甲烷洗涤（50mL×3）以及蒸馏水洗涤（50mL×3）。真空浓缩后，以淋洗剂石油醚进行硅胶（200～300目）柱层析制得中间体 **4**（白色固体，226.0mg，20%）。^{1}H NMR（400MHz，CDCl$_3$，273K）δ：7.33（d，J=9.6Hz，2H），7.18～7.12（m，5H），6.95～6.91（m，1H），6.87（s，2H），2.42～2.40（m，6H），2.14～2.01（m，24H）。

3.4 CDMB-7 的环合反应条件优化

对 CDMB-7 环合反应条件进行了优化筛选。以 2,2′-(4,4′,6,6′-四甲基-[1,1′-联苯]-3,3′-二基)双(4,4,5,5-四甲基-1,3,2-二氧硼烷)（**3**）和 5,5′′′′-二溴-2,2′′′′,4,4′,4′′,4′′′,4′′′′,6′,6′′,6′′′-十甲基-1,1′∶3′,1′′∶3′′,1′′′∶3′′′,1′′′′-五苯基)（**4**）作为反应底物。主要考察以下因素对反应的影响：①钯催化剂种类；②溶剂种类；③碱的种类；④温度；⑤反应时间；⑥配体。进而确定最合适的反应条件（图 3-5）。

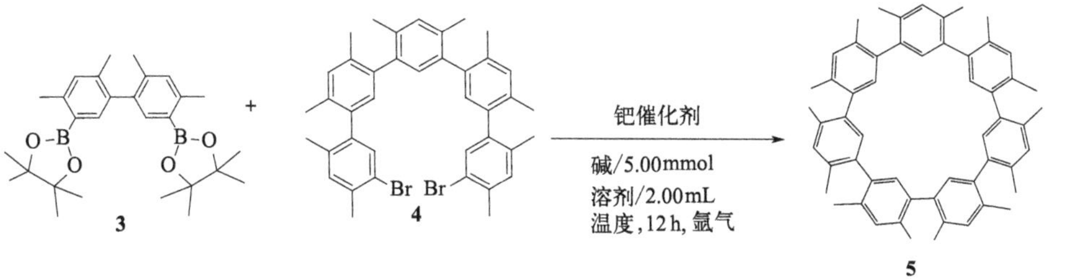

图 3-5 模板反应的优化筛选

3.4.1 钯催化剂

如表 3-6 所示，对钯催化剂种类进行了筛选。当催化剂为 Pd$_2$(dba)$_3$ 时，反应收率可达到 16%（表 3-6，序号 1）；当催化剂分别为 Pd(dppf)$_2$Cl$_2$·CH$_2$Cl$_2$ 或 Pd(OAc)$_2$ 时，产率分别为 15% 或 <5%（表 3-6，序号 2，序号 4）；当催化剂分别为 Pd(PPh$_3$)$_4$ 或 PdCl$_2$ 时，未检测到目标大环产物（表 3-6，序号 3，序号 5）。因此，选择了 Pd$_2$(dba)$_3$ 作为反应催化剂。

表3-6 钯催化剂种类对反应的影响

序号	钯催化剂	产率/%[①]
1	$Pd_2(dba)_3$	16
2	$Pd(dppf)_2Cl_2 \cdot CH_2Cl_2$	15
3	$Pd(PPh_3)_4$	ND[②]
4	$Pd(OAc)_2$	<5
5	$PdCl_2$	ND

① 分离产率。
② 未检测到目标产物。
注:反应条件为3(69.0mg, 0.15mmol, 1.00eq), 4(101.2mg, 0.15mmol, 1.00eq), [Pd] 0.005% (摩尔分数), 碳酸铯 (0.24g, 0.75mmol, 5.00eq), 甲苯,氩气,100℃,12h,硅胶柱层析分离。

3.4.2 溶剂种类

如表3-7所示,以$Pd_2(dba)_3$为催化剂,对反应溶剂种类进行了优化。溶剂为THF或$C_6H_5CH_3$时,反应收率分别为10%或16%(表3-7,序号5~序号6),溶剂分别为$C_4H_8O_2$和CH_3CN时,目标产物产率低(表3-7,序号2,序号4);当溶剂为DMF、DMSO、C_6H_6时,未能检测到目标产物(表3-7,序号1,序号3,序号7)。故选择$C_6H_5CH_3$(甲苯)作为反应溶剂。

表3-7 溶剂种类对反应的影响

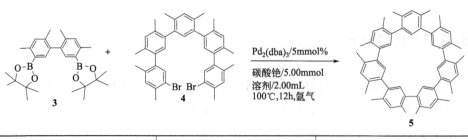

序号	溶剂	产率/%[①]
1	DMF	ND[②]
2	$C_4H_8O_2$	混乱

续表

序号	溶剂	产率/%①
3	DMSO	<5
4	CH_3CN	混乱
5	THF	10
6	$C_6H_5CH_3$	16
7	C_6H_6	ND

① 分离产率。
② 未检测到目标产物。
注：反应条件为 **3**(69.0mg，0.15mmol，1.00eq)，**4**(101.2mg，0.15mmol，1.00eq)，$Pd_2(dba)_3$(6.90mg，0.005%，摩尔分数)，碳酸铯（0.24g，0.75mmol，5.00eq），溶剂（2.00mL），氩气，100℃，12h，硅胶柱层析分离。

3.4.3 碱源

如表 3-8 所示，$Pd_2(dba)_3$ 为反应催化剂，甲苯作为反应溶剂。对碱的种类进行优化。发现碱为碳酸铯或碳酸钾时，反应产率可达到 16% 或 11%（表 3-8，序号1，序号3），碱为氢氧化钠时，产率仅为 6%（表 3-8，序号2）；而碱为叔丁醇钾或氟化铯时，反应混乱（表 3-8，序号4，序号6）。氢化钠作为碱时，未检测到目标产物（表 3-8，序号5）。因此选择碳酸铯作为碱。

表 3-8 碱的种类对反应的影响

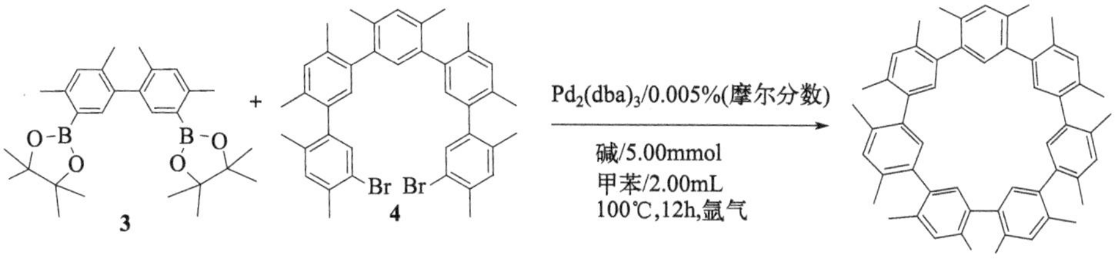

序号	碱	产率/%①
1	Cs_2CO_3	16
2	K_2CO_3	6
3	CH_3COOK	11
4	NaOH	混乱
5	^tBuONa	ND②
6	CsF	混乱

① 分离产率。

② 未检测到目标产物。
注：反应条件为 **3**(69.0mg, 0.15mmol, 1.00eq)，**4**(101.2mg, 0.15mmol, 1.00eq)，$Pd_2(dba)_3$(6.90mg, 0.005%, 摩尔分数)，碱（0.75mmol, 5.00eq），甲苯（2.00mL），氩气，100℃，12h，硅胶柱层析分离。

3.4.4 温度

如表 3-9 所示，以 $Pd_2(dba)_3$ 为催化剂，碳酸铯为碱源，甲苯为反应溶剂，对反应温度进行了筛选。温度低于 80℃，反应不能进行（表 3-9，序号 1～序号 2）。温度为 100℃或 120℃时，反应收率为 16%或 13%（表 3-9，序号 3～序号 4）。因此选择 100℃为反应温度。

表 3-9 不同温度对反应的影响

序号	温度/℃	产率/%①
1	60	ND②
2	80	<5
3	100	16
4	120	13

① 分离产率。
② 未检测到目标产物。
注：反应条件为 **3**(69.0mg, 0.15mmol, 1.00eq)，**4**(101.2mg, 0.15mmol, 1.00eq)，$Pd_2(dba)_3$(6.90mg, 0.005%, 摩尔分数)，碳酸铯（0.24g, 0.75mmol, 5.00eq），甲苯（2.00mL），氩气，T(℃)，12h，硅胶柱层析分离。

3.4.5 反应时间

如表 3-10 所示，以三(二亚苄基丙酮)二钯为催化剂，碳酸铯为碱，甲苯为反应溶剂，对反应时长进行了优化。当时长分别为 6h、8h、10h 或 12h，反应收率分别为<5%、7%、12%或 16%（表 3-10，序号 1～序号 4）。反应时间为 18h 或 24h 时，反应产率为 16% 或 17%（表 3-10，序号 5～序号 6）。综合考虑，

反应最佳时长为12h。

表 3-10　不同反应时间对反应的影响

序号	时间/h	产率/%①
1	6	<5
2	8	7
3	10	12
4	12	16
5	18	16
6	24	17

① 分离产率。

注：反应条件为 **3**(69.0 mg, 0.15mmol, 1.00eq)，**4**(101.2 mg, 0.15mmol, 1.00eq)，Pd$_2$(dba)$_3$ (6.90 mg, 0.005%, 摩尔分数)，碳酸铯（0.24g, 0.75mmol, 5.00eq)，甲苯（2.0mL)，氩气，100℃，t，硅胶柱层析分离。

3.4.6　配体

如表 3-11 所示，确定上述条件后，将系列膦配体加入模板反应，探究对反应的影响。当使用 R-(+)-1,1'-联萘-2,2'-双二苯膦或 S-(−)-1,1'-联萘-2,2'-双二苯膦时，产率分别为 15% 或 16%（表 3-11，序号 1~序号 2）。使用 (R)-(+)-2,2'-双(二-4-甲基苯基膦)-1,1'-联萘、(S)-(+)-1-[(R)-2-(二苯基膦)二茂铁]乙基二环己基膦、5,5'-双[二（3,5-二甲苯基）磷酰]-4,4'-二-1,3-氧代联苯或 R-(+)-1,1'-联萘-2'-甲氧基-2-二苯膦时，产率几乎稳定在 10% 左右（表3-11，序号 3，序号 9，序号 12，序号 16）。使用 5,5'-双(二苯基磷酰)-4,4'-二-1,3-联苯、(R)-(−)-1-[(S)-2-二苯基膦]二茂铁乙基二环己基磷、(R)-2,2'-双(二苯基膦基)-4,4',6,6'-四甲氧基联苯、(S)-1-(3-(叔丁基)-2,3-二氢苯并[d][1,3]氧杂磷杂-4-基)-2,5-二苯基-1H-吡咯或 R-(−)-1,13-双(二苯基膦)-7,8-二氢-6H-二苯，产率皆小于等于 7%（表 3-11，序号 5，序号 7，序号 8，序号 11，序号 13）。而 (R)-N,N-二甲基茚并[2,1-d：1',2'-f][1,3,2]

二氧杂磷杂环庚烷-4-胺、(R)-(—)-1-[(S)-2-(二环己基膦)二茂铁]乙基二叔丁基膦、R-(+)-6,6'-双(二苯基磷)-2,2',3,3'-四氢-5,5'-二-1,4-苯并二辛、(S)-(+)-N,N-二甲基-1-(2-联苯膦基)二茂铁乙胺、(R)-(—)-1-[(S)-2-二苯基磷]二茂铁乙基-二叔丁基磷或 (R)-4-(2,6-二甲氧基苯基)-3-叔丁基-2,3-二氢-1,3-苯并氧磷杂环戊二烯等手性膦配体的加入，则未观察到目标产物（表3-11，序号4，序号6，序号10，序号14，序号15，序号17）。手性膦配体的加入并未对产率产生明显的促进作用。另一方面，将所有手性配体参与反应后所分离的目标产物纯品经过高效液相色谱法（HPLC）分析，发现皆为外消旋体，未得到单一对映异构体。说明手性配体的加入未能实现对于反应产物手性的调节，诱导单一对映异构体的产生。综合经济因素的考虑，故优化条件中未添加手性膦配体参与反应。

表3-11 配体对反应的影响

序号	配体	产率/%[①]
1	R-(+)-1,1'-联萘-2,2'-双二苯膦	15
2	S-(—)-1,1'-联萘-2,2'-双二苯膦	16
3	(R)-(+)-2,2'-双(二-4-甲基苯基膦)-1,1'-联萘	9
4	(R)-N,N-二甲基茚并[2,1-d:1',2'-f][1,3,2]二氧杂磷杂环庚烷-4-胺	ND[②]
5	5,5'-双(二苯基膦酰)-4,4'-二-1,3-联苯	7
6	(R)-(—)-1-[(S)-2-(二环己基膦)二茂铁]乙基二叔丁基膦	ND
7	(R)-(—)-1-[(S)-2-二苯基膦]二茂铁乙基二环己基膦	5
8	(R)-2,2'-双(二苯基膦基)-4,4',6,6'-四甲氧基联苯	<5
9	(S)-(+)-1-[(R)-2-(二苯基膦)二茂铁]乙基二环己基膦	10
10	R-(+)-6,6'-双(二苯基磷)-2,2',3,3'-四氢-5,5'-二-1,4-苯并二辛	ND
11	(S)-1-(3-(叔丁基)-2,3-二氢磷并[d][1,3]氧磷杂-4-基)-2,5-二苯基-1H-吡咯	<5
12	5,5'-双[二(3,5-二甲苯基)膦酰]-4,4'-二-1,3-氧代联苯	10
13	R-(—)-1,13-双(二苯基膦)-7,8-二氢-6H-二苯	<5

续表

序号	配体	产率/%①
14	(S)-(+)-N,N-二甲基-1-(2-联苯膦基)二茂铁乙胺	ND
15	(R)-(−)-1-[(S)-2-二苯基磷]二茂铁乙基-二叔丁基磷	ND
16	R-(+)-1,1′-联萘-2′-甲氧基-2-二苯膦	11
17	(R)-4-(2,6-二甲氧基苯基)-3-叔丁基-2,3-二氢-1,3-苯并氧磷杂环戊二烯	ND

① 分离产率。
② 未检测到目标产物。

注：反应条件为 **3**(69.0 mg, 0.15mmol, 1.00eq), **4**(101.2 mg, 0.15mmol, 1.00eq), $Pd_2(dba)_3$ (6.90 mg, 0.005%, 摩尔分数), 碳酸铯 (0.24 g, 0.75mmol, 5.00eq), 甲苯 (2.00mL), 氩气, 100℃, 12h, 配体 (0.015%, 摩尔分数), 硅胶柱层析分离。

3.4.7 优化反应条件的确定

综上条件优化结果，确定了最佳反应条件为在 15 mL 的 Schlenk 管中，加入反应原料 **3**(0.15mmol, 1.00eq), **4**(0.15mmol, 1.00eq), $Pd_2(dba)_3$ (0.005%, 摩尔分数) 和碳酸铯 (0.75mmol, 5.00eq)，反应溶剂甲苯 (2.00mL)。以氩气为反应气氛，温度为 100℃，反应时间为 12 小时。反应结束后，冷却至室温。真空浓缩除去甲苯后，用二氯甲烷洗涤 (15mL×3) 以及蒸馏水洗涤 (15mL×3)。真空浓缩有机相，以洗脱剂乙酸乙酯和石油醚 (1/1，体积比) 进行硅胶 (200~300 目) 柱层析制得 **5**(白色固体粉末，16%) (图3-6)。

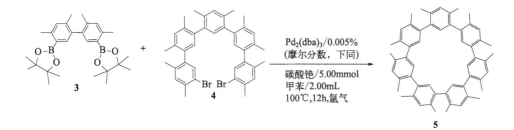

图 3-6 **5** 的优化合成

3.4.8 扩量级反应

为了验证目标产物 **5** 能否大量制备，故在模板反应最优条件下，对模板反应进行扩量级拓展。其中选择了 250 mL 的三口瓶，反应原料 **3**（2.00mmol，1.00eq），**4**（2.00mmol，1.00eq），Pd$_2$(dba)$_3$（0.001%，摩尔分数）和碳酸铯（10.0mmol，5eq），甲苯（50 mL）。氩气保护下，温度为 100℃，反应时间为 30 小时。反应结束后，冷却至室温。真空浓缩除去甲苯后，用二氯甲烷洗涤（150 mL×3）以及蒸馏水洗涤（150mL×3）。真空浓缩有机相，以洗脱剂乙酸乙酯和石油醚（1/1，体积比）进行硅胶（200～300 目）柱层析制得 **5**（白色固体，10%）（图 3-7）。

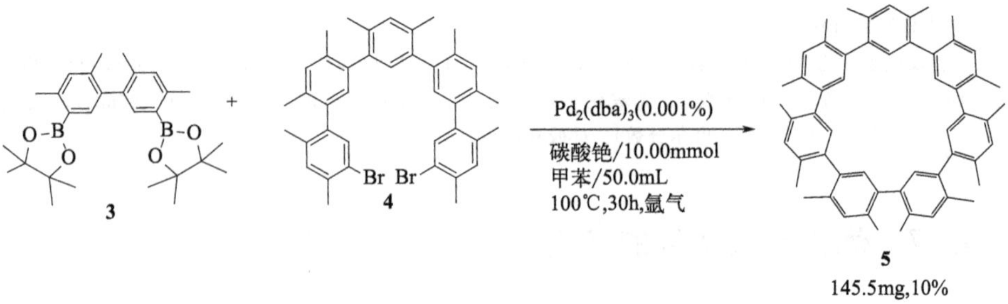

图 3-7 **5** 的扩量级反应

3.5 表征和分析

3.5.1 CDMB-7 的基础表征

为了验证 CDMB-7 的结构和化学组成，对 CDMB-7 进行如下核磁氢谱、核磁碳谱、质谱、单晶以及紫外-可见光谱的测试。

CDMB-7 的核磁氢谱、碳谱、高分辨质谱信息如下：^{1}H NMR(500MHz, TCE-d_2, 273K) δ：7.05(s, 1H)，6.99(d, J=4.0Hz, 4H)，6.95(d, J=5.5Hz, 3H)，6.92(s, 2H)，6.74(s, 2H)，6.44(s, 2H)，2.21(s, 2H)，2.09～2.27(m, 18H)，2.00～1.94(m, 17H)。^{13}C NMR(125MHz, TCE-d_2, 363K) δ：139.1，139.0，138.2，138.8，138.7，138.5，138.2，137.9，134.2，134.4，134.3，133.2，134.1，133.6，132.3，131.8，131.7，131.3，131.0，130.9，130.8，130.4，27.0，19.9，19.8，19.8，19.6，19.5，19.5。MALDI-FTICR HRMS(m/z)：[M]$^+$· 计算得到 C$_{56}$H$_{56}$，728.4382；测试得到，728.4379。

3.5.2 CDMB-7的表征谱图

CDMB-7在溶液中的表征包括核磁氢谱、核磁碳谱、变温核磁、COSY、NOESY、ROESY(旋转坐标系的欧沃豪斯增强谱)、高分辨质谱（MALDI-FTI-CR）和紫外-可见光光谱。

核磁氢谱表明：常温下CDMB-7在溶液中采取C_2或C_s对称性构象。且分子骨架构象稳定，表现为芳香区的质子表现出了6组信号（图3-8）。

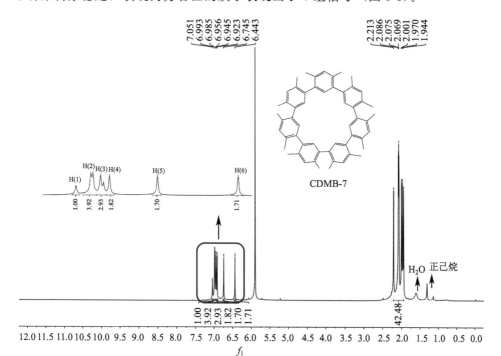

图3-8 大环CDMB-7的核磁氢谱（500MHz，TCE-d_2，273K）

并通过COSY、NOESY及ROESY谱图，确认了CDMB-7核磁氢谱中各个信号的归属（图3-9～图3-11）。

大环分子CDMB-7在溶液中的C_s或C_2对称固定骨架还体现在核磁碳谱的信号上（图3-12）。表现为芳香区出现了21组信号。

综合对大环样品CDMB-7的核磁氢谱、系列二维谱和核磁碳谱（图3-8～图3-12），初步证明了该大环结构的化学组成和氢原子的归属。根据COSY、NOESY或ROESY二维谱分析，CDMB-7大环分子中相邻氢-氢以及远程氢-氢相互作用较弱。而未能监测到HSQC谱（异核单量子相干谱）和HMBC谱（异核多键相关谱），说明CDMB-7大环分子内碳-氢之间几乎无作用。

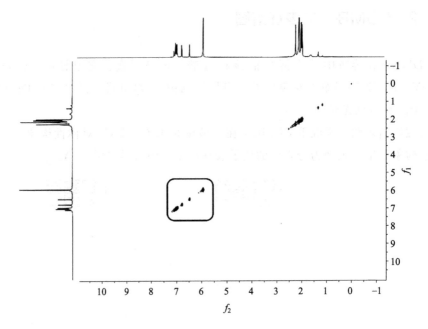

(a) 大环CDMB-7的COSY全谱

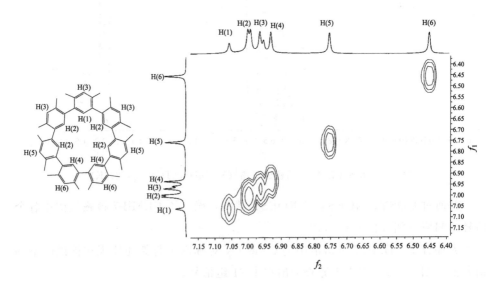

(b) COSY全谱的局部放大图

图 3-9　大环 CDMB-7 的 COSY 全谱以及其局部（a 中小方框部分）放大图
（500MHz，TCE-d_2，273K）

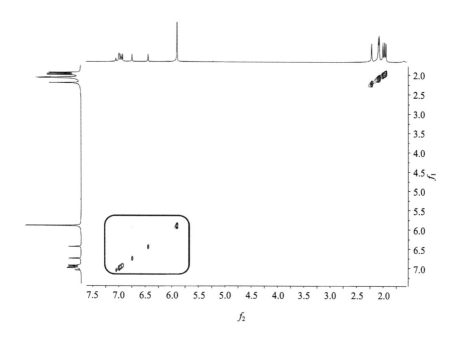

(a) 大环CDMB-7的NOESY全谱

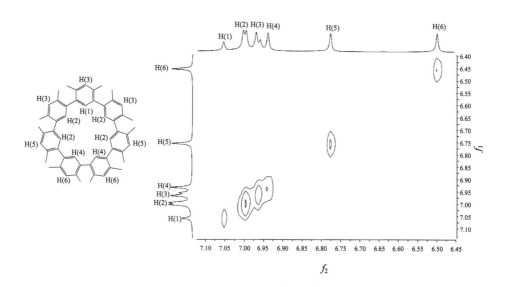

(b) NOESY全谱的局部放大图

图 3-10　大环 CDMB-7 的 NOESY 全谱以及其局部（a 中小方框部分）放大图
（500MHz，TCE-d_2，273K）

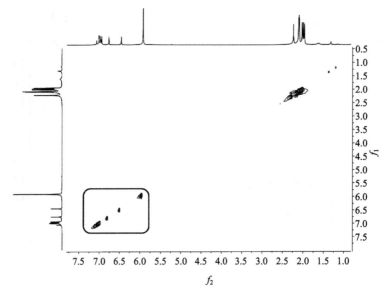

(a) 大环CDMB-7的ROESY全谱

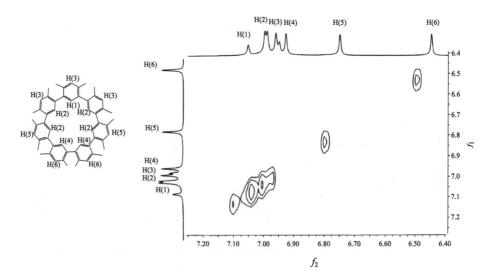

(b) ROESY全谱的局部放大图

图 3-11 大环 CDMB-7 的 ROESY 全谱以及其局部（a 中小方框部分）放大图
（500MHz，TCE-d_2，273K）

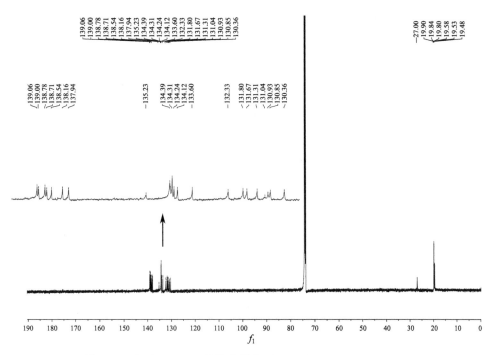

图 3-12 大环 CDMB-7 的核磁碳谱（500MHz，TCE-d_2，273K）

如图 3-13 对大环样品 CDMB-7 进行变温核磁氢谱测试（^{1}H NMR，间隔为 10K），结果表明该大环结构在高温条件下呈现出去对称化的稳定结构。

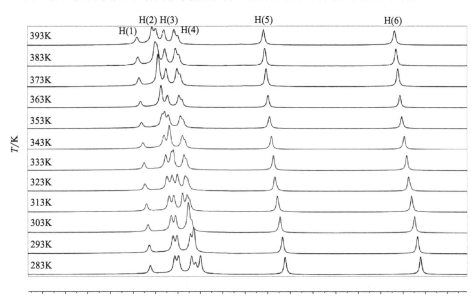

图 3-13 大环 CDMB-7 的温度梯度芳香区局部核磁氢谱放大图

3 轴手性的环[7]（1,3-(4,6-二甲基)）苯的合成与性能研究

通过高分辨 MALDI-FTICR 质谱（图 3-14）对大环 CDMB-7 进行分析，发现峰值对应于 CDMB-7 分子（理论计算值 $m/z=728.4382$，实际检测 $m/z=728.4379$），由此验证了大环分子的化学组成为 $C_{56}H_{56}$。

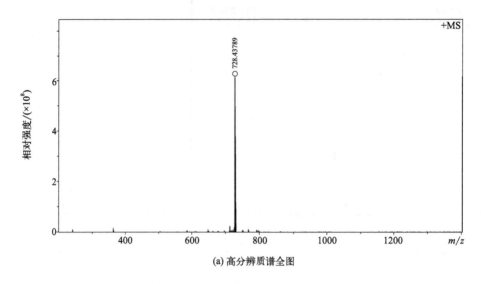

(a) 高分辨质谱全图

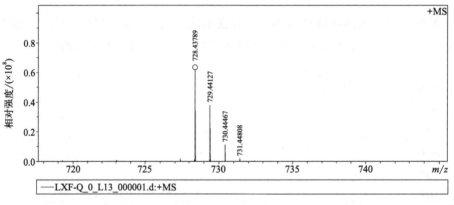

(b) 高分辨质谱拓展图

图 3-14 大环 CDMB-7 的 MALDI-FTICR 高分辨质谱全图和拓展图

取 2.0mL 的小玻璃瓶，将 3.0mg CDMB-7 溶于 1.5mL 二氯甲烷溶液之中。待样品完全溶解后，将玻璃瓶完全置于已经装有 5mL 乙腈溶液的 20mL 的玻璃瓶之中。瓶口处用封口膜封住，再用细针扎 6～8 个小孔，室温下挥发 24h。此时，小玻璃瓶中有无色细针状晶体析出。

通过单晶 X 射线单晶衍射实验获得了 CDMB-7 的晶体结构。如图 3-15 以及图 3-16 所示，在单晶结构中发现，大环呈轴手性的不规则"碗状"C_2 对称性，并以外消旋体形式存在于晶体中。

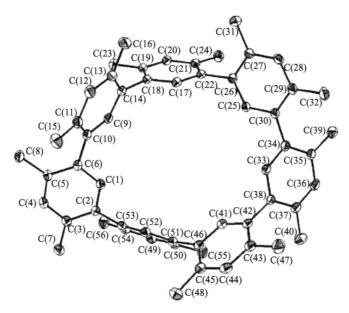

图 3-15　大环分子 CDMB-7 的热椭球图（其中热椭球呈现 25% 电子密度）
氢原子以及其它杂原子被忽略以使结构明晰

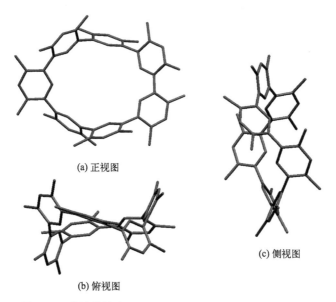

图 3-16　单晶结构中 CDMB-7 的正视图、俯视图和侧视图

如图 3-17 所示，对 CDMB-7 的紫外-可见光吸收光谱分析，发现最大吸收峰集中在 200~300nm 之间。说明苯环难以形成共轭结构，应以独立单元的形式存在。

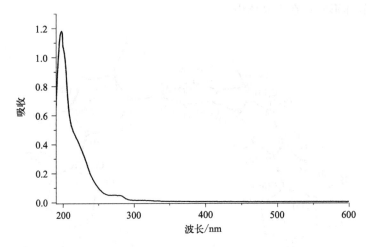

图 3-17　大环 CDMB-7 的正己烷溶液（2×10^{-5} mol/L）紫外-可见光光谱图

3.5.3　CDMB-7 的手性结构分析

为了验证 CDMB-7 的空间立体构型，以高效液相色谱 CDMB-7 纯品进行手性分析。分别尝试了系列手性柱 IA[主要填料：硅胶表面共价键合有直链淀粉-三(3,5-二甲基苯基氨基甲酸酯)]、IB[主要填料：硅胶表面共价键合有纤维素-三(3,5-二甲基苯基氨基甲酸酯)]、IG[主要填料：硅胶表面共价键合有纤维素-三(3,5-二甲基苯基氨基甲酸酯)]以及 OJ-H[主要填料：硅胶表面共价键合有纤维素-三(3,5-二甲基苯基氨基甲酸酯)]，发现 CDMB-7 在上述手性柱中均未能实现有效的手性分离（图 3-18）。

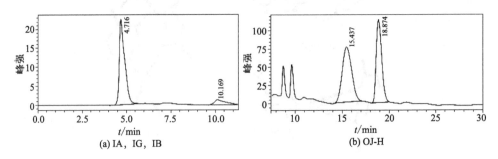

图 3-18　大环 CDMB-7 高效液相分析图

(注：2×10^{-4} mol/L，正己烷/异丙醇，95/5，体积比，25℃)

但在高效液相色谱柱 AD-H[主要填料：硅胶表面共价键合有纤维素-三（3,5-二甲基苯基氨基甲酸酯）]中实现了对 CDMB-7 分子的手性分离，并产生了一对面积比例为 1∶1 的液相色谱峰，此时的分离度为 2[图 3-19(a)]。由此说明所获得的目标大环纯品为外消旋体，与单晶结构呈现的结果一致。并因此实现了对于 CDMB-7 外消旋体的手性拆分，得到了 CDMB-7 的单一对映异构体。

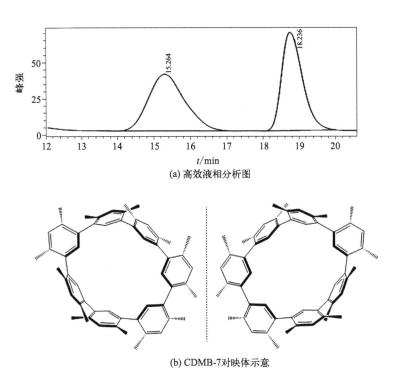

图 3-19　高效液相分析图和 CDMB-7 对映体示意

（注：AD-H，2×10^{-4} mol/L，正己烷/异丙醇，95/5，体积比，25℃）

但是，将两个拆分得到的单一对映异构体溶液室温下放置一小时后，再次进样，其出峰的信号与外消旋体结果一致。由此说明该大环扭曲的构象易于发生外消旋化（图 3-19）。

3.6　中间体的核磁谱图

中间体的核磁谱图见图 3-20～图 3-25。

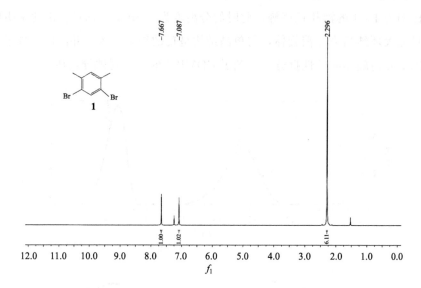

图 3-20　**1** 的 ^{1}H NMR(500MHz，CDCl$_3$，273K)

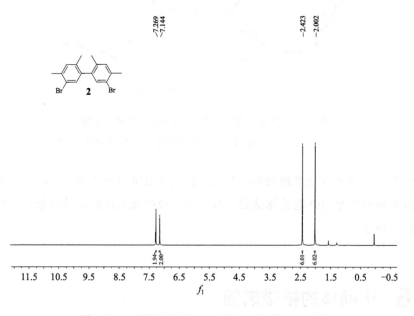

图 3-21　**2** 的 ^{1}H NMR(500MHz，CDCl$_3$，273K)

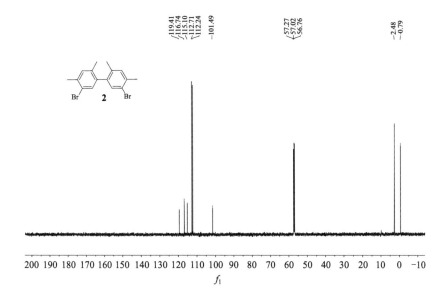

图 3-22　**2** 的 ^{13}C NMR(125MHz，CDCl$_3$，273K)

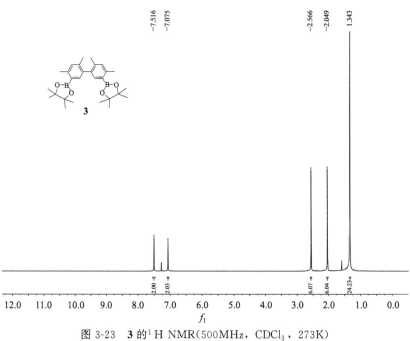

图 3-23　**3** 的 ^{1}H NMR(500MHz，CDCl$_3$，273K)

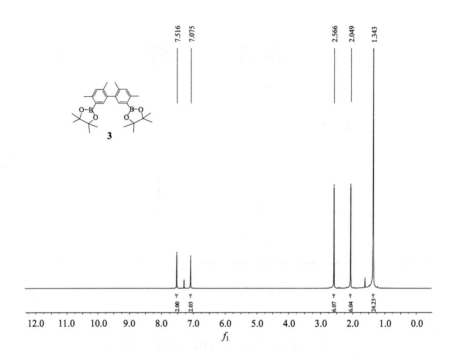

图 3-24 **3** 的 ^{13}C NMR(125MHz，CDCl$_3$，273K)

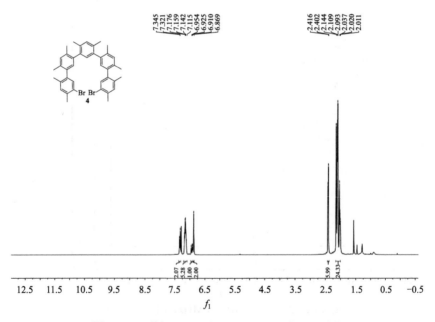

图 3-25 **4** 的 ^{1}H NMR(400MHz，CDCl$_3$，273K)

3.7 仪器设备

核磁共振：Bruker AVANCE Ⅲ 500WB，AVANCE Ⅲ 400 和 AVANCE 600。
高分辨质谱：Thermo LTQ-XL linear ion trap mass spectrometer。
X 射线单晶衍射：Rigaku SuperNova 单晶衍射仪。
紫外-可见光分光光度仪：岛津 UV2450。
荧光光谱仪：Edinburgh Instruments FS5，FLS980。
高效液相色谱仪：Shimadzu SCL-20AVP。

3.8 实验操作

3.8.1 单晶培养

大环 CDMB-7 的单晶培养：CDMB-7 溶于 1.5mL 二氯甲烷溶液之中置于 2.00mL 的小玻璃瓶。待样品完全溶解后，将玻璃瓶完全置于已经装有 5.0mL 乙腈溶液的 20.0mL 的大玻璃瓶之中。瓶口处用封口膜封住，再用细针扎 6～8 个小孔，室温下挥发 1～2 天。得到无色细针状晶体。

3.8.2 高效液相色谱实验操作

0.146mg CDMB-7 溶于 1.00mL 正己烷溶液之中置于 2.00mL 的小玻璃瓶。待样品充分溶解后，再以有机过滤头（100～200 目）过滤即可得澄清透明待测液体。用 25.0μL 微样注射器每次取 5.00μL 的待测样品，快速打入液相分析仪器进样口，即可得到高效液相图谱。

3.8.3 单晶数据

CDMB-7 的 X 射线衍射晶体学数据汇总见表 3-12。

表 3-12　CDMB-7 的 X-射线衍射晶体学数据汇总

项目	CDMB-7	项目	CDMB-7
CCDC 编号	—	$c/\text{Å}$①	14.3090(8)
描述	块状	$\alpha/(°)$	66.604(5)
颜色	无色	$\beta/(°)$	81.058(5)
溶解于	CH_3CN/CH_2Cl_2	$\gamma/(°)$	62.260(6)
分子式	$C_{56}H_{56}$	$V/\text{Å}^3$	2159.8(2)
分子量	729.00	$d/(\text{g}/\text{cm}^3)$	1.121
晶体尺寸/(mm×mm×mm)	0.020×0.015×0.010	Z	2
晶系	三斜晶系	T/K	170
空间群	P-1	$R_1, wR_2/[I>2\sigma(I)]$	0.0649, 0.1025
$a/\text{Å}$	13.4948(8)	R_1, wR(全部数据)	0.1750, 0.2010
$b/\text{Å}$	13.7789(7)	配合度	1.021

参考文献

［1］ Cesario M, Dietrich-Buchecker C O, Sauvage J-P, et al. Molecular structure of a catenand and its copper（Ⅰ）catenate: Complete rearrangement of the interlocked macrocyclic ligands by complexation [J]. J Chem Soc Chem Commun, 1985, 5: 244-247.

［2］ Bissell R A, Córdova E, Stoddart J F, et al. A chemically and electrochemically switchable molecular shuttle [J]. Nature, 1994, 369: 133-137.

［3］ Li Q W, Zhang W Y, Stoddart J F, et al. Docking in metal-organic frameworks [J]. Science, 2009, 325: 855-859.

［4］ Kudernac T, Ruangsupapichat N, Feringa B L, et al. Electrically driven directional motion of a four-wheeled molecule on a metal surface [J]. Nature, 2011, 479: 208-211.

4

环[8]间苯手性衍生物的合成和表征

4.1 概述

本部分工作基于前期已有报道的阻转非对映异构环间苯大环环[8](1,3-(4,6-二甲基))-苯（CDMB-8）的研究基础上，通过系列反应将非手性平面单元引入大环骨架之上，并得到稳定的具有特定构象的新型固有手性大环衍生物。并尝试对该大环衍生物的性能、应用和潜在价值进行更深层次的研究[1-2]。

首先通过片段偶联法得到环[8](1,3-(4,6-二甲基))-苯。在此基础上，光照条件下与 N-溴代丁二酰亚胺（NBS）发生卤代反应后，继续在无水氯化铝的作用下，与芘发生傅克烷基化反应，成功将平面的芘引入大环骨架，制得稳定的环[8]间苯固有手性衍生物。利用核磁氢谱、核磁碳谱、2D核磁谱（包括变温 ^{1}H, NOESY、COSY、HSQC、HMBC、ROESY）、高分辨质谱、紫外-可见光谱和荧光光谱等表征手段对所合成的大环衍生物的结构和性能进行了确认和初步探索。并通过高温实现了所合成的大环非对映异构体的转化。

并希望基于所合成的环[8]间苯手性衍生物的固有手性特征，实现与四氢吡咯并吡咯酮类骨架分子的手性结合，进而开发出新型手性主客体复合材料[3-4]。

4.2 实验部分

通过已有报道的化合物 2,2′-(4,4′,4″,6,6′,6″-六甲基-[1,1′:3′,1″-三联苯]-3,3″-二基)双(4,4,5,5-四甲基-1,3,2-二氧硼烷)（**3**）和 5,5″″-二溴-2,2′,4,4′,4″,4‴,4″″,6′,6″,6‴-十甲基-1,1′:3′,1″:3″,1‴:3‴,1″″-五苯基（**4**）为原料，在钯催化剂作用下发生 Suzuki-Miyaura 偶合反应，制得环[8](1,3-(4,6-二甲基))-苯(CDMB-8)。再以 CDMB-8 为反应底物，分别进行光卤化取代反应和傅克-烷基化反应，最终得到单个芘单元取代的 CDMB-8(CDMB-8-Py，化合物 **6**)（图 4-1）。

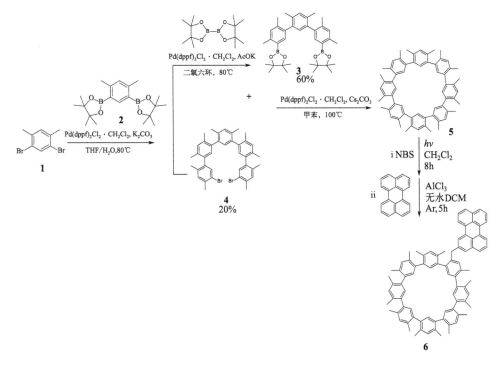

图 4-1 大环 CDMB-8-Py 的合成路线

4.2.1 CDMB-8 的合成优化

为大量制备 CDMB-8-Py，对合成中间体 5 的环合反应条件进行了优化。

以 2,2′-(4,4′,4″,6,6′,6″-六甲基-[1,1′:3′,1″-三联苯]-3,3″-二基)双（4,4,5,5-四甲基-1,3,2-二氧硼烷）(**3**) 与 5,5″″-二溴-2,2′,4,4′,4″,4‴,4″″,6′,6″,6‴-十甲基-1,1′:3′,1″:3″,1‴:3‴,1″″-五苯基 (**4**) 作为反应底物，主要考察以下因素对反应的影响：①钯催化剂种类；②碱的种类；③溶剂种类（图 4-2）。

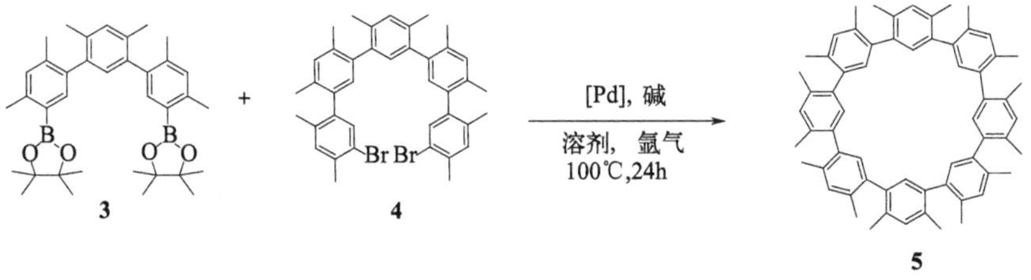

图 4-2 中间体 **5** 的模板反应

4 环[8]间苯手性衍生物的合成和表征 —— 173

4.2.1.1 钯催化剂

如表 4-1 所示,对钯催化剂种类进行了筛选。催化剂为 $Pd(dppf)_2Cl_2 \cdot CH_2Cl_2$ 时,反应收率为 15%(表 4-1,序号 1);当催化剂分别为 $Pd[(PPh_3)]_4$ 或 $Pd(OAc)_2$ 时,产率皆低于 5%(表 4-1,序号 2~序号 3);当催化剂为 $Pd_2(dba)_3$ 时,产率可达到 10%(表 4-1,序号 4)。而使用 $PdCl_2$ 作为催化剂时,未检测到目标产物(表 4-1,序号 5)。因此使用 $Pd(dppf)_2Cl_2 \cdot CH_2Cl_2$ 作为反应催化剂。

表 4-1 钯催化剂种类对反应的影响

序号	钯催化剂	产率/%①
1	$Pd(dppf)_2Cl_2 \cdot CH_2Cl_2$	15
2	$Pd[(PPh_3)]_4$	<5
3	$Pd(OAc)_2$	<5
4	$Pd_2(dba)_3$	10
5	$PdCl_2$	ND②

① 分离产率。
② 未检测到目标产物。
注:反应条件为 **3**(0.30g,0.44mmol,1.00eq),**4**(0.25g,0.44mmol,1.00eq),[Pd](0.044mmol,0.010eq),碳酸铯(1.40g,4.40mmol,10.00eq),乙腈(2.00mL),氩气,100℃,24h,硅胶柱层析分离。

4.2.1.2 碱源

如表 4-2 所示,以 $Pd(dppf)_2Cl_2 \cdot CH_2Cl_2$ 作为催化剂,对碱的种类进行了筛选。发现碱为碳酸铯或碳酸钾时,反应产率可达到 18% 或 12%(表 4-2,序号 1~序号 2);碱为乙酸钾时,产率为 9%(表 4-2,序号 3);而碱为氢氧化钠、叔丁醇钠或氢化钠时,产率皆低于 5%(表 4-2,序号 4,序号 5,序号 7);氟化铯作为碱时,产率可达到 11%(表 4-2,序号 6),故使用碳酸铯作为碱。

表 4-2 碱的种类对反应的影响

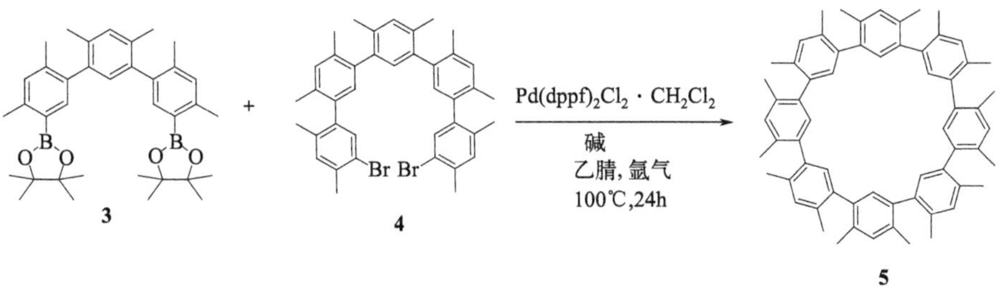

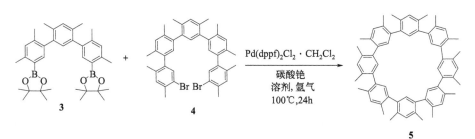

序号	碱	产率/%①
1	Cs₂CO₃	18
2	K₂CO₃	12
3	CH₃COOK	9
4	NaOH	<5
5	ᵗBuONa	<5
6	CsF	11
7	NaF	<5

① 分离产率。

注：反应条件为 **3**(0.30g, 0.44mmol, 1.00eq)，**4**(0.25g, 0.44mmol, 1.00eq)，Pd(dppf)₂Cl₂·CH₂Cl₂(35.00mg, 0.044mmol, 0.010eq)，碱（4.4mmol, 10eq），乙腈（2.00mL），氩气，100℃，24h，硅胶柱层析分离。

4.2.1.3 溶剂种类

如表 4-3 所示，以 Pd(dppf)₂Cl₂·CH₂Cl₂ 作为催化剂，碳酸铯为碱，对溶剂种类进行了筛选。当溶剂为四氢呋喃、二氧六环、N,N-二甲基甲酰胺或二甲基亚砜时，反应收率皆低于 5%（表 4-3，序号 1，序号 3，序号 5，序号 6）；当溶剂为甲苯时，产率为 22%（表 4-3，序号 2）；溶剂为乙腈时，反应产率为 18%（表 4-3，序号 4）。因此选择甲苯为反应溶剂。

表 4-3 溶剂种类对反应的影响

序号	溶剂	产率/%①
1	THF	5
2	C₆H₅CH₃	22

续表

序号	溶剂	产率/%①
3	$C_4H_8O_2$	<5
4	CH_3CN	18
5	DMF	<5
6	DMSO	<5

① 分离产率。

注：反应条件为 **3**(0.30g, 0.44mmol, 1.00eq)，**4**(0.25g, 0.44mmol, 1.00eq)，Pd(dppf)$_2$Cl$_2$·CH$_2$Cl$_2$(35.0mg, 0.044mmol, 0.010eq)，碳酸铯 (1.40g, 4.40mmol, 10.00eq)，溶剂 (2.00mL)，氩气，100℃，24h，硅胶柱层析分离。

4.2.1.4 反应条件的确定

综合以上结果，确定了最佳反应条件如下：向 15mL 的 Schlenk 管中，加入反应原料 **3**(0.44mmol, 1.00eq)，**4**(0.44mmol, 1.00eq)，Pd(dppf)$_2$Cl$_2$·CH$_2$Cl$_2$(0.044mmol, 0.010eq) 以及碳酸铯 (4.40mmol, 10.00eq)，反应溶剂为甲苯 (2.00mL)。氩气保护下，温度为 100℃，反应时间为 24h。反应结束后，冷却至室温。真空浓缩除去甲苯后，用二氯甲烷洗涤 (15mL×3) 以及蒸馏水洗涤 (15mL×3)。真空浓缩有机相后，以洗脱剂乙酸乙酯和石油醚 (1/4，体积比) 进行硅胶 (200～300 目) 柱层析制得 **5**(白色固体，22%) (图 4-3)。

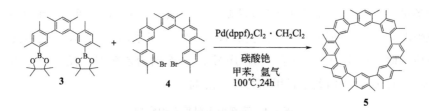

图 4-3 **5** 的优化合成

4.2.2 CDMB-8-Py 的合成

14-((6b,10-二氢芘-2 基)甲基)-1^6,2^4,2^6,3^4,3^6,4^4,4^6,5^4,5^6,6^4,6^6,7^4,7^6,8^4,8^6-十五甲基-1,2,3,4,5,6,7,8(1,3)-八苯环辛烷 (CDMB-8-Py，化合物 **6**) 的合成：向 15mL 的 Schlenk 管中，加入化合物 **5**(0.10mmol，1.00eq) 和 NBS(0.050mmol，0.50eq)，以二氯乙烷 (4.00mL) 作为反应溶

剂。将反应体系置于光照条件下反应 8 小时。关闭光源后，待反应体系冷却，再向体系中加入无水氯化铝（0.20mmol，2.00eq），芘（0.10mmol，1.00eq）。并将反应体系置换氩气三次，室温下继续反应 5h。真空浓缩有机相后，以环己烷作为洗脱剂进行硅胶（200～300 目）柱层析制得 CDMB-8-Py（黄色固体，<5%）（图 4-4）。

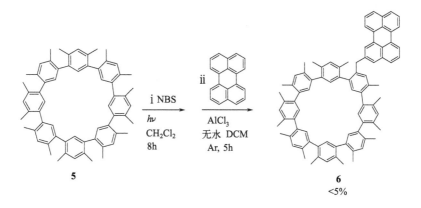

图 4-4 大环 CDMB-8-Py(**6**) 的合成路线

4.2.3 CDMB-8-Py 的表征

对 CDMB-8-Py 进行系列表征包括核磁氢谱、核磁碳谱、变温核磁、COSY、NOESY、HMBC、HSQC、ROESY、高分辨质谱（MALDI-TOF），紫外-可见光光谱和荧光光谱。相关结果如下。

核磁氢谱，核磁碳谱以及高分辨质谱信息分析如下（图 4-5～图 4-7）：^{1}H NMR（500MHz，TCE-d_2，363K）δ：8.15～8.10（m，3H），8.07（d，J = 8.0Hz，1H），7.70（d，J = 8.5 Hz，1H），7.65（d，J = 7.5 Hz，2H），7.47～7.43（m，2H），7.36（t，J = 7.5 Hz，1H），7.22（d，J = 7.5 Hz，1H），7.09～7.08（m，6H），7.06（s，1H），7.00（d，J = 9.5 Hz，2H），6.94（s，1H），6.91（s，1H），6.82～6.80（m，5H），4.15（d，J = 5.5 Hz，2H），2.15（s，2H），2.12（s，1H），2.08～2.06（m，30H），2.04（s，6H），1.97（s，3H），1.88（s，3H）。^{13}C NMR（125 MHz，TCE-d_2，363K）δ：138.9，138.4，138.2，138.1，138.0，137.7，136.0，135.8，134.3，134.1，134.0，133.9，133.7，133.6，133.5，133.0，131.1，131.0，130.5，130.4，130.3，130.1，

129.9，129.8，129.8，129.1，128.6，128.1，127.8，127.2，126.9，126.1，126.1，125.8，123.9，119.7，119.6，119.4，35.6，29.1，26.4，18.7。MALDI-TOF HRMS(m/z)：[M]$^{+\cdot}$ 计算得到 $C_{84}H_{74}$，1082.579；测试得到，1082.790(TCE-d_2，氘代四氯乙烷)。

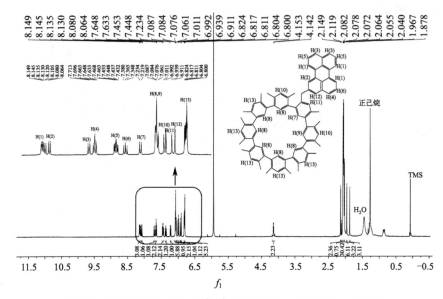

图 4-5 CDMB-8-Py 的核磁氢谱（500 MHz，TCE-d_2，363 K）

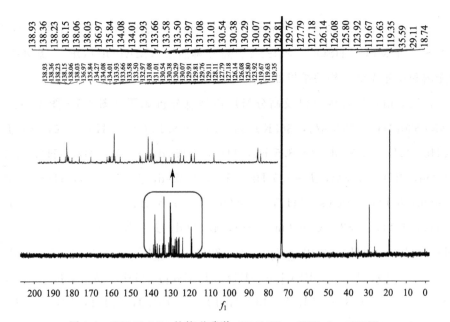

图 4-6 CDMB-8-Py 的核磁碳谱（500MHz，TCE-d_2，363K）

化合物的 ^{1}H NMR 出现多组芳香氢信号，表明芘的引入使得整个分子发生了去对称化。再通过对大环衍生物 CDMB-8-Py 进行系列核磁二维谱分析可得出各个 ^{1}H NMR 信号对应的质子（图 4-5～图 4-12）。

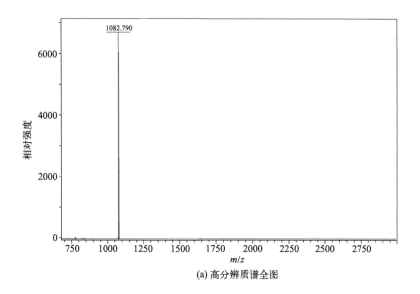

(a) 高分辨质谱全图

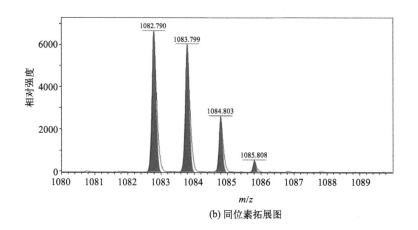

(b) 同位素拓展图

图 4-7　CDMB-8-Py 的 MALDI-TOF 高分辨质谱全图和同位素拓展图

4　环[8]间苯手性衍生物的合成和表征

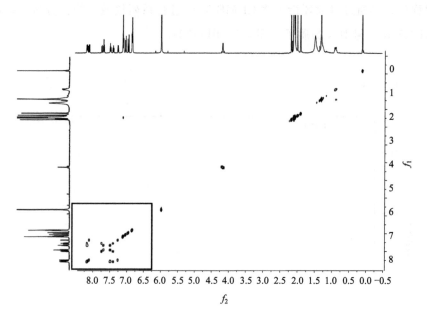

(a) COSY全谱

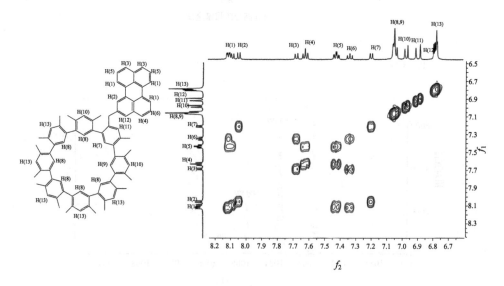

(b) COSY全谱的局部放大图

图4-8 CDMB-8-Py 的 COSY 全谱以及其局部 [(a) 中小方框部分] 放大图（500 MHz，TCE-d_2，363 K）

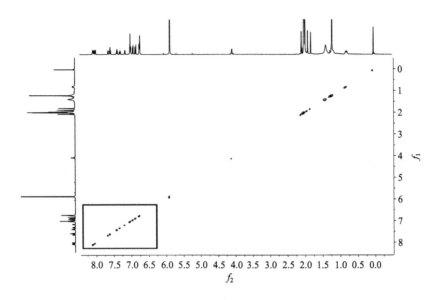

(a) NOESY全谱

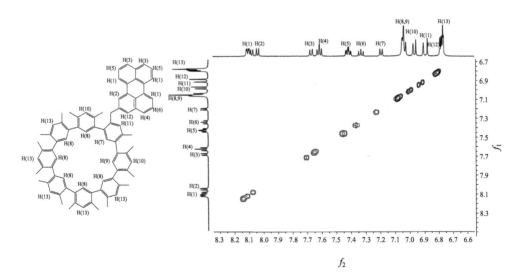

(b) NOESY全谱的局部放大图

图 4-9　CDMB-8-Py 的 NOESY 全谱以及其局部 [(a) 中小方框部分] 放大图（500 MHz，TCE-d_2，363 K）

4　环[8]间苯手性衍生物的合成和表征

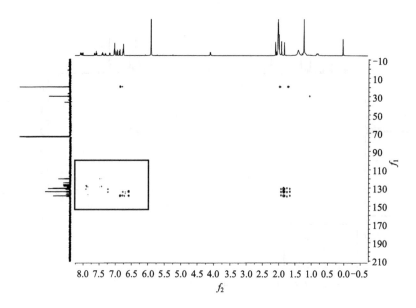

(a) HMBC全谱

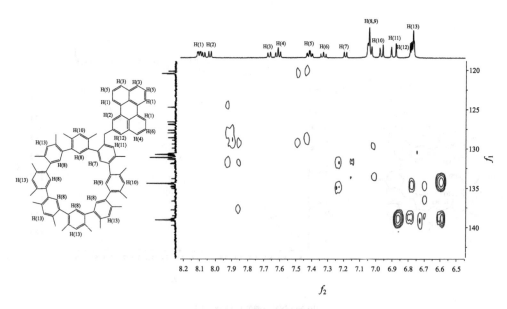

(b) HMBC全谱的局部放大图

图 4-10 CDMB-8-Py 的 HMBC 全谱以及其局部 [(a) 中小方框部分] 放大图 (500MHz, TCE-d_2, 363 K)

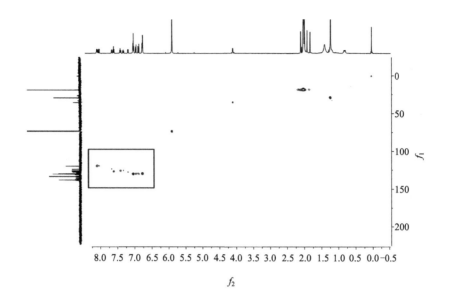

(a) HSQC全谱

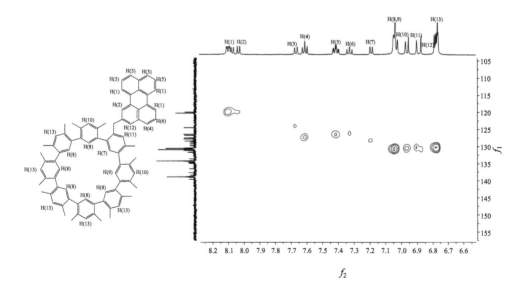

(b) HSQC全谱的局部放大图

图 4-11　CDMB-8-Py 的 HSQC 全谱以及其局部 [(a) 中小方框部分] 放大图（500MHz，TCE-d_2，363 K）

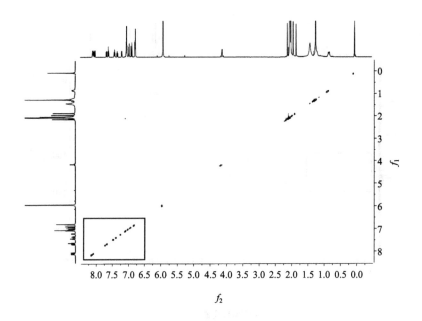

(a) ROESY全谱

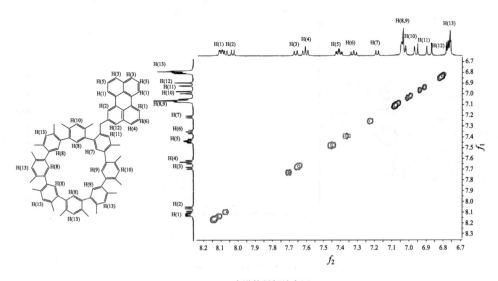

(b) ROESY全谱的局部放大图

图 4-12 CDMB-8-Py 的 ROESY 全谱以及其局部 [(a) 中小方框部分] 放大图
(500MHz，TCE-d_2，363 K)

通过高分辨 MALDI-TOF 质谱对所合成的大环衍生物 CDMB-8-Py 进行分析检测，发现 CDMB-8-Py 的信号峰（理论计算值 $m/z=1082.579$，实际检测 $m/z=1082.790$）。

为了验证大环衍生物在高温条件下的振动频率是否发生变化，从而导致相应的 ^{1}H NMR 谱图发生变化。因此对 CDMB-8-Py 进行了控温核磁实验（^{1}H NMR，间隔为10K）。发现温度高于 273K 时，^{1}H NMR 谱图才具有较高的分辨率，化学位移和峰形未出现明显的变化。说明该分子在高温下振动更快，但仍然保持特定的骨架结构（图 4-13）。

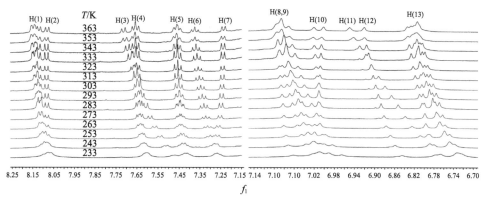

图 4-13 大环 CDMB-8-Py 的温度梯度芳香区
局部核磁氢谱放大图

对 CDMB-8-Py 进行了紫外-可见光光谱和荧光光谱分析，发现该大环分子紫外吸收峰在 300~400nm 之间（图 4-14）；又通过荧光激发和发射光谱对其荧光

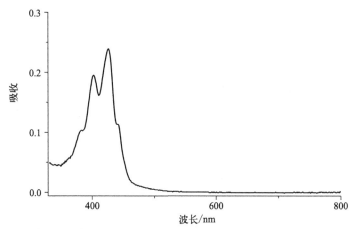

图 4-14 大环 CDMB-8-Py 的正己烷溶液（2×10^{-5} mol/L）
紫外-可见光光谱图

发光性能进行初步表征，发现该分子在 375nm 存在最大激发峰，在 470nm 存在最大发射峰，与芘分子溶液中的发光一致（图 4-15）。说明芘分子的引入赋予了 CDMB-8 特定的光学性能。

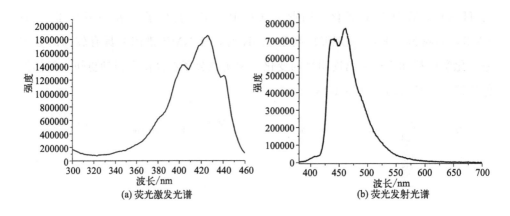

图 4-15 大环 CDMB-8-Py(2×10^{-5}mol/L) 的荧光激发光谱以及荧光发射光谱
（其中 λ_{ex}=375nm；λ_{em}=470nm，出/入射狭缝宽度皆为 5nm）

4.2.4 CDMB-8-Py 的构型分析

为了分析其手性特征，进行了如下高效液相色谱分析。

当反应底物 CDMB-8 为 C_s 对称性，所获得的 (C_s-CDMB-8)-Py 外消旋体应存在着 8 对对映异构体。其构象示意图以及所有的 C_s 对称性对映异构体如图 4-16(a) 所示。

为验证 CDMB-8-Py 不同构象之间生物 8 对对映异构体的存在。故对 (C_s-CDMB-8)-Py 的纯品进行了高效液相色谱分析。预设在手性柱中会产生 8 对对映异构体。仅在使用手性柱 OD-H 或 OJ-H 时，出现了两个面积接近相等的液相色谱信号 [图 4-16(b)]。其他手性柱均未能实现 (C_s-CDMB-8)-Py 的手性异构体分离。

具有 C_s 对称性的 CDMB-8 在高温作用下，其构象会不可逆转化为具有 D_{4d} 对称性的构象。对于所合成的 (C_s-CDMB-8)-Py 进行高温热转化后，也应该得到具有 D_{4d} 对称性 CDMB-8-Py 的对映异构体。并通过高效液相色谱对热转化后的纯品进行分析。结果发现，当使用手性 OJ-H 柱或 OD-H 柱时，可得到一对积

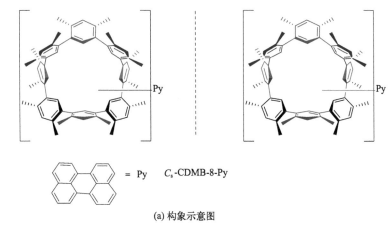

(a) 构象示意图

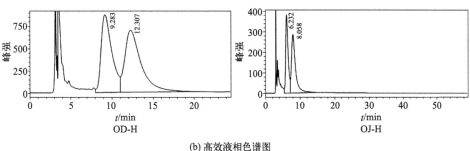

(b) 高效液相色谱图

图 4-16 大环 C_s-CDMB-8-Py 的构象示意图以及不同手性柱中的高效液相色谱图
(2×10^{-4} mol/L，正己烷/异丙醇，9/1，体积比，25℃)

分面积比例接近 1:1 的液相色谱峰信号，分离度分别为 1.9 或 1.4（图 4-17）。成功实现了 D_{4d}-CDMB-8-Py 对映异构体的构建，分别命名为 (D_{4d}-CDMB-8)-Py-A 与 (D_{4d}-CDMB-8)-Py-B。(C_s-CDMB-8)-Py 热转化反应示意图和相关的液相分析如图 4-17 所示。

为验证所获得的单一手性对映异构体的手性特征，以圆二色谱法对单一手性异构体 (D_{4d}-CDMB-8)-Py-A 和 (D_{4d}-CDMB-8)-Py-B 进行了测试分析（图 4-18）。初步探明，(D_{4d}-CDMB-8)-Py-A 与 (D_{4d}-CDMB-8)-Py-B 的圆二色谱图呈现出对称的状态。由此说明单一异构体 (D_{4d}-CDMB-8)-Py-A 与 (D_{4d}-CDMB-8)-Py-B 具备手性，且互为对映异构体。证明了所合成的具有准 C_s 对称性的大环骨架外消旋体可在高温条件下转化为具有准 D_{4d} 对称性的大环骨架异构体。

对于热转化实验提纯得到的 (D_{4d}-CDMB-8)-Py 纯品进行了高分辨 MALDI-TOF 质谱分析（图 4-19），发现了 (D_{4d}-CDMB-8)-Py 的信号峰（理论计算值 $m/z=1082.579$，实际检测 $m/z=1082.777$）。

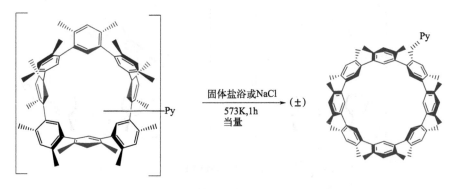

(a) 热转化示意图

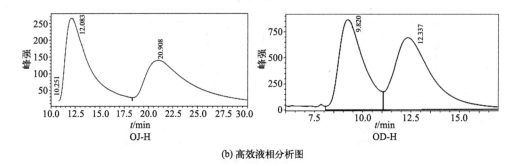

(b) 高效液相分析图

图 4-17　D_{4d}-CDMB-8-Py 热转化示意图（CDMB-8-Py 的用量为 1eq，0.01mmol，10.8mg）以及高效液相分析图（2×10^{-4}mol/L，正己烷/异丙醇，9/1，体积比，25℃）

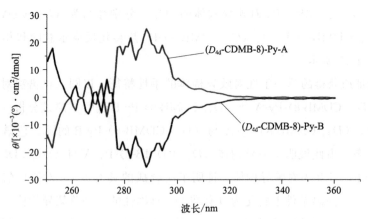

图 4-18　（D_{4d}-CDMB-8）-Py-A 与（D_{4d}-CDMB-8）-Py-B 的圆二色谱图（2×10^{-4}mol/L，正己烷，25℃）

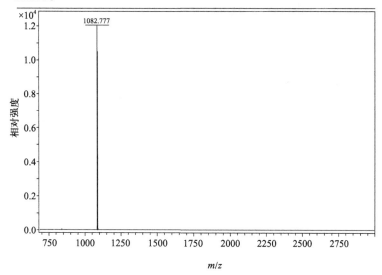

(a) 高分辨质谱全图

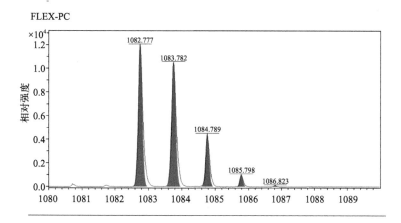

(b) 同位素拓展图

图 4-19 （D_{4d}-CDMB-8）-Py 的 MALDI-TOF 高分辨质谱全图和同位素拓展图

4.3 各个中间体合成及表征

4.3.1 中间体 3 的合成

向 250mL 的三口瓶中，加入 2,2′-(4,6-二甲基-1,3-亚苯基)双(4,4,5,5-四甲基-1,3,2-二氧硼烷)（5mmol，1eq），1,5-二溴-2,4-二甲苯（5mmol，1.0eq）以及碳酸钾（25mmol，5.0eq），混合溶剂四氢呋喃/水（THF/H_2O，100mL，4/1，体积比）。氩气保护下，在温度为 80℃，反应 24h。待反应结束后，冷却至室温。真空浓缩后，以硅胶（200～300 目）柱层析得到 5,5″-二溴-2,2″,4,4′,4″,6′-六甲基-1,1′：3′,1″-三联苯。并向 250mL 三口瓶中加入 5,5″-二溴-2,2″,4,4′,4″,6′-六甲基-1,1′：3′,1″-三联苯（5mmol，1.0eq），Pd(dppf)$_2$Cl$_2$·CH_2Cl_2（0.05mmol，0.01eq），乙酸钾（20mmol，3.2eq）以及联硼酸频那醇酯（7.5mmol，1.5eq）。以氩气作为反应气体，二氧六环作为反应溶剂，100℃ 下反应 24h。待反应结束后，冷却至室温。用二氯甲烷洗涤（100mL×3），然后用蒸馏水洗涤（100mL×3）。真空浓缩后，以石油醚/乙酸乙酯（1/1，体积比）作为洗脱剂进行硅胶（200～300 目）柱层析制得中间体 3（白色固体，60%）。

中间体 4 的合成方法在上文中已介绍。

4.3.2 中间体核磁信息

中间体 3（图 4-20）：^{1}H NMR(400MHz，CDCl$_3$，273K) δ：7.52～7.49(m，2H)，7.10～7.04(m，3H)，6.81(s，1H)，2.52(s，6H)，2.08～2.04(m，10H)，1.53(s，3H)，1.30(s，23H)。

大环 C_s-CDMB-8（图 4-21）：^{1}H NMR(400MHz，CDCl$_3$，273K) δ：2.52(s，3H)，6.08(s，2H)，6.04～6.03(m，4H)，5.95(s，1H)，5.91～5.89(m，3H)，5.83(s，2H)，5.75(s，1H)，1.17(s，5H)，1.13(s，11H)，1.09～1.06(m，22H)，1.01(s，10H)。

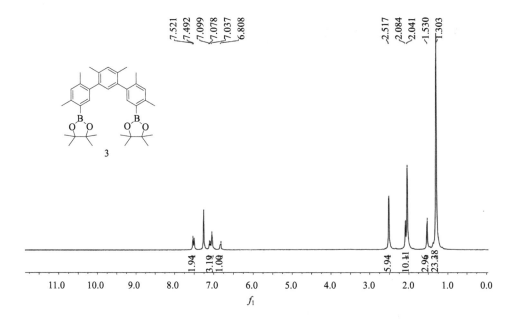

图 4-20　中间体 3 的 ^{1}H NMR(400MHz，CDCl$_3$，273K)

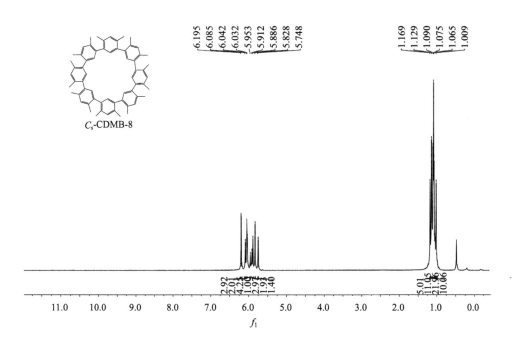

图 4-21　中间体大环 C_s-CDMB-8 的 ^{1}H NMR(400MHz，CDCl$_3$，273K)

4　环[8]间苯手性衍生物的合成和表征

4.4 仪器设备以及实验操作

4.4.1 实验仪器

核磁共振：Bruker AVANCE Ⅲ 500WB，AVANCE Ⅲ 400 和 AVANCE 600。
高分辨质谱：Thermo LTQ-XL linear ion trap mass spectrometer。
紫外-可见光分光光度仪：岛津 UV2450。
荧光光谱仪：Edinburgh Instruments FS5，FLS980。
光反应仪：LW-GHX-Ⅱ。
圆二色谱仪：2013GSIM68047HK Chirascan。

4.4.2 高效液相色谱配样

CDMB-8-Py 溶于 1.00mL 正己烷溶液之中置于 2.00mL 的小玻璃瓶。待样品充分溶解后，再以有机过滤头（100～200 目）过滤即可得澄清透明待测液体。用 25.0μL 的微样进射器每次取 3.00μL 的待测样品，快速打入液相分析仪器进样口，即可得到高效液相图谱。

参考文献

[1] Yang L-P, Wang X-P, Jiang W, et al. Naphthotubes：Macrocyclic hosts with a biomimetic cavity feature [J]. Acc Chem Res，2020，53：198-208.

[2] Chen C-F, Han Y. Triptycene-derived macrocyclic arenes：From calixarenes to helicarenes [J]. Acc Chem Res，2018，51：2093-2106.

[3] Jiang X, Laffoon J D, Moore J S, et al. Kinetic control in the synthesis of a Möbius tris ((ethynyl) [5]helicene) macrocycle using alkyne metathesis [J]. J Am Chem Soc，2020，142：6493-6498.

[4] Zhou H, Wang D-X, Wang Q-Q, et al. Inherently chiral cages via hierarchical desymmetrization [J]. J Am Chem Soc，2020，144：16767-16772.